AF474136

OBSERVATIONS SUR LE CACAO ET SUR LE CHOCOLAT.

Où l'on examine les avantages & les inconvéniens qui peuvent résulter de l'usage de ces substances nourricieres. Le tout fondé sur l'expérience & sur les recherches analytiques de l'amande du Cacao.

SUIVIES

De Réflexions sur le Systême de M. de Lamure, touchant le battement des Artères.

A PARIS,

Chez P. Fr. DIDOT jeune, Libraire, Quai des Augustins, à Saint Augustin.

M. DCC. LXXII.

APPROBATION.

J'Ai lu, par ordre de Monseigneur le Chancelier, un Manuscrit intitulé : *Observations particulieres sur le Cacao & le Chocolat*, &c.

Le Médecin agréable au Palais, seroit le titre naturel de cet Ouvrage ; je le juge d'autant plus digne de l'impression, que les Sciences, qui favorisent la conservation des hommes, prêtent de concert à la sagacité de son auteur des secours utiles ; la Botanique lui fournit ses curieuses & intéressantes découvertes ; la Physique l'éclaire de son flambeau ; c'est d'après elle qu'il établit la solidité de ses raisonnemens ; la Médecine enrichit la touche délicate de son discernement, ses précieuses observations & ses heureuses expériences ; la chimie lui sert par son alambic, son creuset & ses ingénieuses analyses, à développer d'une maniere neuve, les divers principes du Cacao & du Chocolat, à constater les différentes propriétés de l'un & de l'autre, & à rendre leur usage salutaire aux malades, bienfaisant aux valétudinaires & utile aux personnes en santé. A Paris ce 22 Février 1771. MISSA.

PRIVILEGE DU ROI.

LOUIS, par la grace de Dieu, Roi de France & de Navarre : A nos amés & féaux Conseillers, les Gens tenant nos Cours de Parlement, Maîtres des Requêtes ordinaires de notre Hôtel, Grand Conseil, Prévôt de Paris, Baillifs, Sénéchaux, leurs Lieutenans civils, & autres nos Justiciers qu'il appartiendra, Salut. Notre amé le Sr. PELISSARD, Nous a fait exposer qu'il desireroit faire imprimer & donner au Public un Ouvrage qui a pour titre : *Observations sur le Cacao & le Chocolat* : S'il Nous plaisoit lui accorder nos Lettres de Permission pour ce nécessaires. A ces causes, voulant favorablement traiter l'Exposant ; Nous lui avons permis, & permettons par ces Présentes, de faire imprimer ledit Ouvrage autant de fois que bon lui semblera, & de le faire vendre & débiter par tout notre Royaume, pendant le tems de trois années consécutives, à compter du jour de la date des Présentes. Faisons défenses à tous Imprimeurs, Libraires, & autres personnes de quelque qualité, &

condition qu'elles soient, d'en introduire d'impression étrangere dans aucun lieu de notre obéissance, à la charge que ces Présentes seront enregistrées tout au long sur le Registre de la Communauté des Imprimeurs & Libraires de Paris, dans trois mois de la date d'icelles; que l'impression dudit Ouvrage sera faite dans notre Royaume & non ailleurs, en bon papier & beaux caracteres; que l'Impétrant se conformera en tout aux Réglemens de la Librairie, & notamment à celui du dix Avril mil sept cent vingt-cinq, à peine de déchéance de la présente Permission; qu'avant de l'exposer en vente, le manuscrit qui aura servi de copie à l'impression dudit Ouvrage, sera remis dans le même état où l'approbation y aura été donnée, ès mains de notre très-cher & féal Chevalier, Chancelier Garde des Sceaux de France, le Sieur de Meaupeou; qu'il en sera ensuite remis deux Exemplaires dans notre Bibliothéque publique, un dans celle de notre Château du Louvre, & un dans celle dudit sieur de Maupeou; le tout à peine de nullité des Présentes: du contenu desquelles vous mandons & enjoignons de faire jouir ledit Exposant & ses ayant causes, pleinement & paisiblement, sans souffrir qu'il leur soit fait aucun trouble ou empêchement. Voulons qu'à la copie des Présentes, qui sera imprimée tout au long au commencement ou à la fin dudit Ouvrage, foi soit ajoutée comme à l'Original. Commandons au premier notre Huissier ou Sergent, sur ce requis, de faire pour l'exécution d'icelles, tous Actes requis & nécessaires, sans demander autre permission, & nonobstant Clameur de Haro, Charte Normande, & Lettres à ce contraires; car tel est notre plaisir. Donné à Paris, le vingt-sixieme jour du mois de Mars, l'an mil sept cent soixante-douze, & de notre Regne le cinquante-septieme. Par le Roi en son Conseil. *Signé*, LEBEGUE.

Registré sur le Registre XVIII, de la Chambre Royale & Syndicale des Libr. Impr. de Paris, N°. 2033. fol. 625. conformément au réglement de 1723. qui fait défenses, art. IV. à toutes personnes de quelque qualité & condition qu'elles soient, autres que les Libr. & Impr. de vendre, débiter, faire afficher aucuns livres, pour les vendre en leurs noms, soit qu'ils s'en disent les Auteurs ou autrement; & à la charge de fournir à la susdite Chambre, huit Exemplaires, prescrits par l'art. 108 du même Réglement. A Paris, ce 28 Mars 1772.

J. HERISSANT, Syndic.

OBSERVATIONS *SUR LE CACAO* ET SUR LE CHOCOLAT.

Où l'on examine les avantages & les inconvéniens qui peuvent résulter de l'usage de ces substances nourricieres. Le tout fondé sur l'expérience & sur les recherches analytiques de l'amande du Cacao.

PREMIERE PARTIE.
DU CACAOTIER & DE SON FRUIT.

CHAPITRE PREMIER.
Description du Cacaotier & de son Amande.

LE Cacao est proprement une amande contenue dans un fruit fort gros, qui a la forme d'une concombre ou d'un melon à côtes. Ce fruit a huit à dix pouces de longueur, sur trois à quatre de diametre. L'arbre sur lequel il croît, se nomme *Cacava sive arbor Cacarifera Mexicanorum, cujus fructus Caçao America, sive Avellana Mexicana. Theobroma foliis integerrimis. Hort. Cliff. 379. Lin. gallicè*, Cacaoyer ou Cacaotier. Cet Arbre croît naturellement aux Indes occidentales, en Amérique, comme à la Jamaïque, à la Martinique, le long de la riviere des Amazônes sur la côte de Caraque & dans plusieurs autres contrées de la Zône torride de cette vaste partie du monde. Le Cacaotier est toujours garni de feuilles, de fleurs & de fruits. Ce fruit parvenu à sa grosseur, est une espece de capsule qui est rouge ou blanche, ou mêlée de rouge & de jaune. Ces variétés dans la couleur du fruit, n'en forment point dans l'espece; & c'est avec raison que M. de Tournefort (*a*). a dit, qu'il ne connoissoit qu'une seule espece de Cacao. *Cacao speciem unicam novi* (*b*). M. de Caylus, Ingénieur général du Roi, aux Isles

Il n'y a qu'une seule espece de Caçaotier.

(*a*). Ce célèbre Médecin Botaniste, étoit fils de M. Joseph Piton, Ecuyer Seigneur de Tournefort, né à Aix en Provence.

(*b*). *Appendic. Rei Herbariæ.* p. 660. Ce fruit du Nouveau Monde, a été absolument inconnu aux Anciens. *Matiere Médicale de M. Geoffroi.* T. III. p. 226.

Françoises d'Amérique, & le Pere Labat Dominiquain, qui ont demeurés l'un & l'autre fort long-temps dans ce pays, assurent qu'il n'y a qu'une seule espece de Cacaotier. Le fruit de cet Arbre étant frais, renferme une substance blanche, visqueuse, d'une agréable acidité; il contient depuis quinze jusqu'à vingt-cinq amandes, rarement plus, jamais moins.

Le Cacao est donc une espece d'amande, qui sous une pellicule mince, brune-claire, rougeâtre, contient une substance d'une belle couleur de maron, remplie d'inégalités, qui en pénétrent tout l'intérieur, comme si elle étoit divisée en plusieurs lobes, d'une saveur douce fort onctueuse, mêlée d'un peu d'amertume & d'une légere stipticité. Cette amande est peut-être la plus oléagineuse de toutes celles dont on ait connoissance : car on sçait d'après les expériences faites par M. Homberg & par d'autres Académiciens, qu'elle peut fournir plus de la moitié de son poids de substance grasse, tant par l'ébullition que par l'expression & la distillation : ce que nous avons vérifié, comme on le verra par la suite. Mais cette amande du Cacao, outre la grande douceur des sucs huileux dont elle est remplie, a le précieux avantage de ne s'altérer jamais. Nous avons examiné du beurre de Cacao, qui au bout de dix-huit ans étoit aussi beau & aussi doux que s'il eut été fait tout récemment.

Le Cacao est la base du Chocolat.

Le Cacao est, comme on le sçait, la base du Chocolat, espece de pâte faite avec ce fruit, légerement torréfié, le sucre & quelques aromates, le tout bien broyé & incorporé parfaitement ensemble; on en fait une boisson alimentaire, fort nourrissante. Le Chocolat bien fait, se conserve sans altération pendant un grand nombre d'années. Nous en avons vu qui étoit préparé depuis trente ou quarante ans, & aussi bon, que s'il eut été fait depuis peu. Il est vrai que pour se conserver ainsi, il faut qu'il soit enfermé dans des endroits secs, car s'il est dans des lieux humides, il s'y *camousse*. On doit observer néanmoins que cette moisissure est fort légere, qu'elle n'a pas même l'odeur, ni la saveur ordinaire à toute autre moisissure. Cette altération paroît venir uniquement du sucre, qui entre dans la composition du Chocolat; on sçait que cette substance saline, eſt fort ſuſceptible d'humidité. L'uſage du Chocolat remonte juſqu'à la plus haute antiquité. Lorſque les Eſpagnols firent la conquête du Mexique, en quinze cent vingt, ils l'y trouverent établi de temps immémorial. Les Eſpagnols & les Portugais ſont les premiers Européens, qui aient eu connoiſſance du Cacao, & ils en ont longtemps uſé, avant d'en faire part aux autres Nations; mais lorſqu'elles en ont eu connoiſſance, on a commencé à cultiver l'Arbre précieux qui porte ce fruit, & à en former des vergers, nommés Cacaoyeres ou Cacaotieres. La premiere a été plantée à la Martinique, vers mil ſix cent ſoixante, de graines qui avoient été tirées des bois de cette Iſle, après que les Caraïbes en eurent donné connoiſſance à M. Duparquet. Le grand uſage que l'on a fait enſuite du Chocolat, dans toute l'Europe, a formé du Cacao qui en eſt la baſe, une branche de commerce conſidérable entre l'Amérique & notre continent, par l'entremiſe de nos grands Commerçants. Nos Marchands Epiciers qui tirent le Cacao de la premiere main, en diſtinguent actuellement de trois eſpeces principales:

On diſtingue actuellement trois ſortes d'Amandes de Cacao.

1°. Le Cacao de Caraque : 2°. celui qu'ils nomment Barbiche ou Cacao de la Côte. 3°. Celui des Isles, connues sous le nom d'Isles Antilles.

Il ne faut cependant pas pour cela admettre autant d'especes de Cacaoyer, car il n'y a qu'une seule espece d'arbre (*a*), comme nous l'avons déjà vu, qui produit les différents fruits qui contiennent ces amandes, & ils ne different réellement entr'eux, que par la variété de la couleur de la capsule & par la qualité des amandes qu'elle renferme. Cette derniere différence qui est l'essentielle, vient de celle des Contrées, de la culture & de la qualité des terreins où croissent les Cacaoyers, de leur âge, de leur grandeur ou de la vigueur de l'arbre qui produit ce fruit, ainsi que du triage que l'on fait des amandes, pour avoir les plus belles & les mieux nourries. L'amande du Cacao est inaltérable par elle même, si elle est recueillie & tirée de ses gousses bien saines, bien mûres & séchées à propos. La pâte que l'on fait avec cette amande torréfiée avec soin & sans addition de sucre, se

(*a*) Il paroît cependant que M. Linnœus en distingue plusieurs especes, à en juger par la phrase du *Théobrome* citée.

conſerve un grand nombre d'années dans toute ſa bonté ; c'eſt ſous cette forme qu'on nous en envoie quelquefois de Turin, d'Eſpagne & même de l'Amérique. Il y a néanmoins un choix important à faire dans le Cacao. Il nous en vient de pluſieurs ſortes & de différents endroits de l'Amérique, qui eſt la ſeule partie du monde connue, qui produiſe ce fruit (*a*) : ces amandes ſont en effet, plus ou moins ſupérieures en qualités.

Cacao de Caraque.

Le Cacao de Caraque, eſt le meilleur de ceux que tiennent nos Marchands. Quoique la température de l'air à la Côte de Caraque, d'où nous vient ce Cacao, ſoit à ce que l'on aſſure, la même que celle de la Martinique ; ce Cacao eſt néanmoins plus onctueux &

» (*a*) Quoique l'Amérique ſoit le ſeul cli-
» mat où croiſſe naturellement le Cacaotier
» & où on ait commencé à le cultiver avec
» ſuccès, cependant la culture de cet arbre
» précieux réuſſit aſſez bien en Aſie, aux Philip-
» pines, où il a été transféré du Méxique ou de
» la nouvelle Eſpagne ; ce qui fait la princi-
» pale occupation des habitants de l'Iſle des
» Noirs.

Voyez page 9. du VIe. Volume de *l'Hiſtoire Moderne*.

moins amer que celui de nos Isles. La plupart de ces amandes, ressemblent assez par leur volume & par leur figure, à de grosses amandes douces, mais moins aplaties, moins régulieres dans leur forme. Quelques-uns ont cru y reconnoître la forme de nos fèves de marais ; il y en a qui à la vérité, leur ressemblent assez, mais ce n'est pas le plus grand nombre. Les plus grosses ont dix à douze lignes de longueur, sur cinq à six de diamettre ; elles sont recouvertes d'une pellicule mince, quoique plus épaisse que celle des autres especes de Cacao, garnies de lignes un peu saillantes, qui vont d'un bout à l'autre, séches, de couleur brune-rougeâtre, se détachant assez facilement de l'amande. Une marque distinctive assez singuliere, à laquelle nos Marchands reconnoissent actuellement le véritable Cacao de Caraque, ce sont de petites paillettes brillantes & blanches comme l'argent de chat, dont la pellicule de cette amande est parsemée. Ces paillettes ne sont autre chose que des parcelles talqueuses du *mica alba argentea*, ou *argentum felium*, dont le terrein sabloneux de ce pays est rempli, selon toute apparence ; ce

La pellicule du Cacao de Caraque est comunément parsemée de paillettes brillantes.

qui donne lieu de croire, avec bien du fondement, que les habitants de ces vastes contrées font *ressuer* (*a*) présentement leur Cacao sur la terre, & le recouvrent de la même substance : ce que l'on ne faisoit pas sans doute anciennement : car aucun des Auteurs qui ont traité du Cacao, ne fait mention de ce signe caractéristique. On croit en effet aujourd'hui, que le Cacao de Caraque a été terré, pour le faire sécher à demi, & pour y exciter une sorte de fermentation, dont cette amande a besoin, pour prendre de la qualité, & pour commencer, pour ainsi dire, à en développer & à en atténuer les principes; au lieu que dans les autres endroits de l'Amérique, ils font ressuer le Cacao dans les greniers, ou sur des claies posées sous des angars, ou sur des établis élevés à deux pieds de terre & garnis de nattes de roseaux.

Ce qui peut donc contribuer particulierement à la bonté du Cacao de Caraque, c'est la bonne qualité du terrein; car le Cacaoyer y croît beaucoup mieux,

(*a*) RESSUER. Terme usité en Amérique, pour signifier la préparation par laquelle on fait éprouver au Cacao, une légere fermentation.

y vient plus grand & plus fort que dans les Isles Françoises ; & l'attention des cultivateurs, à bien laisser mûrir, sécher & trier le Cacao, sont des moyens suffisants pour augmenter la qualité de ces amandes & pour leur faire donner la préférence, sans qu'il soit besoin d'établir pour cela, une espece particuliere de Cacaotier. Nos Marchands distinguent encore le Cacao de Caraque, en gros & en petit caraque : mais cette distinction n'est fondée que sur le choix des amandes.

Comme les paillettes talqueuses qui se trouvent sur la pellicule des amandes du Cacao Caraque, lui sont étrangeres & qu'elles pourroient être enlevées par le transport & l'agitation de ce fruit dans les balles, on le reconnoitra toujours à la grosseur & à la beauté de l'amande, dont la substance est d'une belle couleur de maron, qui devient même plus éclatante par une légere torréfaction, ainsi qu'à sa saveur qui est plus douce & plus onctueuse que celle des autres Cacaos, accompagnée d'une légere amertume, & d'un peu d'astriction & d'un goût de noisette agréable. Si l'on mâche de l'amande de Cacao Caraque & si l'on avale par la ſuction toute la ſubſtance butireuſe & extractive qui ſe fond dans la bouche, il y reſte très-peu de marc, qui eſt d'une belle couleur de canelle ; aulieu que les autres Cacaos examinés de même, laiſſent plus de marc dans la bouche, un peu plus d'amertume & d'aſtriction, & ce réſidu eſt d'une couleur moins jaune, tirant ſur le brun, ſurtout celui du Cacao des Iſles. Le Pere Labat, qui nous a donné une ample Hiſtoire de ce pays, ſemble ne pas eſtimer le Cacao de Caraque, plus que celui de nos Iſles, bien choiſi. Cependant on ne peut ſe refuſer à donner la préférence à l'amande de Caraque, ſur les autres Cacaos, à moins qu'elle n'ait perdu ſes bonnes qualités par une grande vétuſté.

Cacao Barbiche, dit de la Côte.

Le Cacao de la ſeconde qualité, que les Marchands nomment Barbiche, ou Cacao de la Côte, eſt probablement celui qui nous vient de St. Domingue, de la Jamaïque, de l'Iſle de Cube *(a)*;

(a) D'autres Marchands nomment ce Cacao, Barbiche-Coaquilles ; peut-être que le terme de Barbiche eſt altéré & que ce ſeroit Berbice, ou Berbiche, du nom d'une Riviere ou d'un Peuple de l'Amérique, où croît le Cacaotier qui nous fournit cette ſeconde & bonne eſpece de Cacao.

il eſt en effet plus gros que celui des Iſles Antilles ; il approche de la bonté du Cacao de Caraque. Son amande eſt recouverte d'une pellicule, à peu près de même épaiſſeur que celle du Caraque ; mais elle eſt abſolument brune, ou d'un rouge brun, même après avoir été lavée. On obſerve ſur les écorces de ces amandes, des nervures ou des lignes tracées en forme de rayons divergents, qui vont d'un bout a l'autre, en s'y réuniſſant, comme ſur le Caraque, mais un peu moins ſenſibles ou moins ſaillantes. La pellicule de ce Cacao Barbiche, eſt enduite de parties terreuſes, ſablonneuſes; on n'y apperçoit aucune parcelle brillante, talqueuſe, argentée, comme il y en a ſur les amandes de Caraque. Il y a apparence que l'on terre auſſi le Cacao dans ces endroits, pour le faire reſſuer, mais que le terrein y eſt purement ſablonneux & nullement talqueux. L'amande qui eſt ſous la pellicule, eſt d'un brun rougeâtre & plus foncée que celle de Caraque, elle approche même de ſa douceur, mais elle contient un peu moins de ſubſtance onctueuſe. Ce Cacao eſt fort ſujet à être piqué des vers, ce qui ſembleroit faire l'éloge de ſa qualité.

Le Cacao des Isles est le plus petit de tous, & inférieur en qualité. On en distingue chez les Marchands de deux especes; celui de Cayenne & celui de la Martinique. Celui de Cayenne passe pour être plus doux que l'autre. Les amandes de ces deux Cacaos, sont fort petites, oblongues, mais plates; elles ne sont point recouvertes de parties terreuses & sablonneuses, comme celles de Caraque & de la Côte. Leur substance moëlleuse tire plus sur le brun que sur le rouge. Lorsque le Cacao des Isles n'est pas trop ancien, son huile ou sa partie butirreuse, ne laisse pas d'avoir une fort bonne qualité : il laisse même dans la bouche une saveur fraiche & agréable; mais il contient moins de parties grasses & balzamiques que le Cacao de Caraque; à moins que celui-ci ne soit trop desséché par son ancienneté; car alors celui des Isles, nouveau & bien choisi, seroit surement meilleur que du vieux Caraque, dont les parties balzamiques les plus fines, seroient dissipées par un grand laps de temps. Celui-ci a communément le double de grosseur des plus belles amandes de celui des Isles & pese le double.

Cacao des Isles.

On remarque que les amandes de Cacao en général, acquierent de la douceur en vieilliſſant, & qu'elles perdent de l'âpreté & de l'amertume qu'elles ont la premiere année de leur récolte. On doit néanmoins conſidérer, que l'âpreté & l'amertume de ce fruit, n'y ſont point, à beaucoup près, des qualités nuiſibles, ſurtout y étant enveloppées d'une auſſi grande quantité de parties huileuſes fines, qu'il y en a en effet dans l'amande du Cacao.

Voilà les différences eſſentielles, auxquelles nos Commerçants reconnoiſſent les différents Cacaos qu'ils débitent, & on ne peut ſe refuſer de les admettre juſqu'à un certain point; ſoit qu'elles viennent de la qualité des terroirs où croiſſent les Cacaoyers, ou des attentions à recueillir, à faire reſſuer & ſécher le fruit à propos; ſoit enfin du triage que les cultivateurs font des amandes ſéchées, avant que de les mettre dans des futailles, ou de les emballer pour nous les envoyer.

Toutes les eſpeces d'amandes de Cacao, ſont remplies, comme nous l'avons obſervé, plus qu'aucun autre fruit d'une partie butiro-huileuſe, qui eſt de la plus grande douceur & qui a l'avantage ſur tous les autres fruits oléagineux, de ne rancir jamais, quoique quelqu'un ait avancé le contraire; c'eſt un fait que l'on ne peut révoquer en doute; il eſt trop bien conſtaté par l'expérience. La partie huileuſe ou butireuſe que l'on extrait en Amérique, du Cacao récent, a très-peu de conſiſtance : elle y eſt quelquefois employée aux uſages de la cuiſine, aulieu d'huile ou de beurre de vache; elle leur eſt même de beaucoup ſupérieure, parce que le feu ne lui donne ni odeur, ni ſaveur rance, ni fétide. Le beurre que l'on tire en France des mêmes amandes, a bien la même douceur, mais il eſt très-dur & caſſant comme du ſuif de mouton ou de bouc.

CHAPITRE II.

Analyſe du Cacao, faite par différents Sçavants.

LE Savant M. Homberg, membre de l'Académie Royale des Sciences de Paris, a ſoumis le Cacao à l'analyſe de l'expreſſion, de l'ébullition & de la distillation. M. Ray a fait aussi l'analyse de cette amande, ainsi que M. de Cailus. M. Ray dit qu'ayant exposé huit onces de Cacao, à un feu de réverbere, pendant près de vingt-quatre heures, il en est résulté trois onces & demie, d'une huile rouge, de couleur de sang & figée, très aromatique, chargée de beaucoup de sel volatil, & deux onces d'esprit pénétrant, d'une odeur assez agréable, qui contenoit beaucoup de principes acides.

L'Histoire de l'Académie des Sciences rapporte, que deux livres de Cacao crud, ont produit par l'analyse, plusieurs liqueurs mêlées de sel acide & âcre, quatorze onces quatre gros & demi d'huile, & quatre gros dix grains de sel très lixiviel (*a*). Mais il n'y est pas fait mention de sel volatil.

M. de Caylus, dans son Histoire Naturelle du Cacao, dit en avoir fait aussi l'analyse chymique, & en avoir tiré deux sortes d'huiles, qui ne se confondoient point; une volatile & blanche, & une rouge; que celle-ci plus fixe que l'autre, se précipite toujours au fond; semblable en cela, à celles que M. Boyle dit avoir tirées du

(*a*) *Tome II. p. 26.*

sang humain, qui ne peuvent pas plus se mêler que l'huile & l'eau. M. de Caylus dit de plus, que l'esprit qu'il a tiré du Cacao, n'a rien de désagréable au goût ni à l'odorat, qu'il ne fermente point sensiblement avec les alkalis, & ne change nullement la couleur du papier bleu; que cependant avec le temps, cet esprit est devenu un peu acide; que pendant toute son opération, il n'a observé aucun vestige de sel volatil concret; que le *caput mortuum* calciné, étoit si peu salé, qu'à-peine auroit-il pu en tirer six grains de sel fixe bien pur, d'une livre de Cacao qu'il avoit soumis à cette expérience, s'il avoit voulu réitérer les filtrations & les évaporations. M. de Caylus conclut de son Examen analytique, *que le Cacao est peut-être le mixte, dans la composition duquel il y entre moins de sel.* Nous verrons qu'il n'a prononcé ainsi, que pour n'avoir pas poussé ses recherches plus loin. M. Lemery, a avancé au contraire, que le Cacao contenoit du sel volatil.

CHAPITRE III.

Nouvelle Analyse du Cacao.

IL y a une si grande différence dans les productions du Cacao, entre les mains de ces Sçavants, que nous avons cru devoir nous assurer par nous mêmes des véritables principes qui pouvoient entrer dans la composition de ces amandes Amériquaines.

La tenacité de la substance butireuse que contient le Cacao, nous a parue trop grande, pour pouvoir l'en dépouiller entierement, par l'expression; ce qui nous a déterminé à employer l'ébullition. Nous avons obtenu par le moyen de quatre ébullitions, d'une once de pâte de Cacao légerement torréfié, trois gros quarante-deux grains de beurre très-pur, d'un blanc jaune, dur & cassant, d'une saveur extrêmement douce & agréable, qui conservoit celle du Cacao. Nous avons observé qu'en mettant un peu de sel alkali, dans les ébullitions, c'étoit un moyen sûr, pour en extraire plus de parties butireuſes. Ce ſel par la pénétration, s'inſinue dans les parties terreuſes, rompt les cellules qui retiennent les parties graſſes & les force de venir ſurnager à la ſuperficie de l'eau, ſans s'unir à l'alkali, parce qu'il n'eſt pas aſſez puiſſant & qu'il eſt trop noyé dans l'eau, pour s'approprier la partie butireuſe & caſſante, & former avec elle un corps ſavoneux. Il y a ſans doute eu des parties butireuſes de perdues dans les quatre ébullitions que nous avons employées : on doit donc évaluer, ſans crainte de ſe tromper, cette ſubſtance onctueuſe, que l'on peut obtenir par les ébullitions des amandes de Cacao, au moins à la moitié de leur poids; ce qui ſe rapporte aſſez aux produits que M. Homberg a tiré du Cacao ſoumis au même examen. La pâte du Cacao faite aux Iſles, traitée de la même maniere, a paruc fournir tant ſoit peu plus de beurre, que celle qui eſt faite en Europe. L'eau qui eſt réſultée des ébullitions légerement alkaliſées, formoit une teinture rougeâtre, d'une amertume agréable. Cette teinture pourroit être employée en médecine, avec ſuccès, dans beaucoup de circonſtances,

Teinture amere du Cacao.

ſoit ſous cette forme liquide, ſoit en la réduiſant en extrait.

Quoique l'ébullition ſoit un excellent moyen, pour extraire toutes les parties graſſes du Cacao, ou la très-grande partie, elle ne nous en fait pas cependant connoître exactement tous les principes. Il faut pour cela le ſoumettre à l'action d'un feu bien gradué. Pour procéder avec ordre dans ce genre d'examen ſi délicat, nous avons fait emplir à moitié, une cornue de verre lutée *loricata*, avec trois onces de bon Cacao de Caraque, mondé de ſa pellicule & extrêmement ſec, ſans avoir néanmoins été torréfié. On a poſé enſuite le vaiſſeau dans un fourneau de reverbere & on y a adapté un ballon de verre, contenant douze à quinze pintes. Le feu a été pouſſé enſuite, avec le plus grand ménagement; d'abord avec un peu de braiſe de boulanger. A la premiere chaleur, il s'y eſt formé au bout d'une démie-heure, au bec de la cornue, des gouttes d'un eſprit fort limpide. Afin de pouvoir juger exactement de la qualité des productions, le ballon n'avoit été uni à la cornue, que par le moyen d'un linge mouillé. Ce qui donnoit la facilité de le retirer, à chaque mutation de phénomene, que présentoit l'opération, & d'en bien constater les produits. Ayant examiné ce premier esprit, il avoit une odeur & une saveur aromatique agréable, mêlée d'un leger empyreume, fort peu acidule, rougissant foiblement le papier bleu.

Peu de temps après, il y est sorti de la cornue une vapeur blanche, très legere, qui déposoit dans la partie supérieure & interne du col du ballon, une huile figée, butireuse, fine, blanche, ayant une odeur & une saveur aromatique fort gracieuse, un peu piquante sur la langue, mais moins que ne le sont ordinairement les huiles essentielles aromatiques fines & éthérées. On a augmenté ensuite le feu de quelques dégrés; les vapeurs blanches sont venues plus abondantes, & en se condensant, elles produisoient toujours une huile blanche, qui se figeoit aux parois du vaisseau. Il tomboit aussi en même-temps, du bec de la cornue, des gouttes limpides roussâtres, qui étoient acqueuses & huileuses. Les vapeurs se sont alors ralenties; mais en animant le feu, elles ont reparues abondamment, jusqu'à en rem-

Huile éthérée figée.

plir le ballon. Quelque temps après elles se sont encore ralenties. On a fait un feu de flamme, les vapeurs blanches ont reparues. Enfin elles ont cessé totalement. En continuant cependant de pousser le feu, il distilloit toujours par le bec de la cornue, quelques gouttes butireuses, d'un rouge brun, à demi figées. Cette opération a durée sept heures, depuis le degré de feu le plus doux, jusqu'au plus vif. Les dernieres vapeurs blanches qui sont sorties, avoient cela de singulier, qu'elles s'échappoient du bec de la cornue, en forme de jets ou de fusées, qui s'élançoient en ligne droite, vers la partie inférieure du ballon, aulieu que les premieres se répandoient comme un nuage, dans toute la capacité du récipient; ce qui désigne assez naturellement les degrés de légéreté & de pesanteur des parties butireuses premieres & dernieres; à moins qu'on ne voulût attribuer cette derniere circonstance. à la plus grande activité du feu. Quoi qu'il en soit, il sera toujours vrai que les premieres vapeurs blanches, contiennent une huile plus fine que les dernieres. Il n'y a paru aucun sel volatil concret, pendant la distillation.

Point de sel volatil concret.

On ne sçait donc sur quel fondement MM. Ray & Lemery ont avancé que le Cacao contenoit beaucoup de sel volatil : nous verrons ce qui peut avoir occasionné cette différence & sur quoi elle peut être fondée.

Les vaisseaux étant refroidis, on a retiré du ballon, trois gros de liqueur spiritueuse, claire, ayant une couleur ambrée, d'une saveur agréablement amere, où l'on démêloit un peu d'acide; elle rougissoit foiblement le papier bleu. Pour s'assurer si cet esprit ne tenoit point caché quelque sel volatil concret, on a posé la bouteille où étoit le liquide spiritueux, sur un feu de cendre fort doux, afin de favoriser la sublimation du sel volatil qu'il auroit pu contenir. Mais il ne s'en est élevée aucune parcelle. Il y avoit aux parois du vaisseau qui contenoit tout le produit de la distillation, une huile butireuse blanche & au fond une huile figée de même nature, brune, d'une odeur approchant de l'huile de corne de cerf, mais beaucoup plus douce. On a fait chauffer le ballon pour y fondre toute l'huile figée; alors il s'y est élevé des vapeurs blanches, qui le remplissoient; ce qui annonçoit l'existence d'une huile fine & altérée, ainsi que M. de Caylus l'avoit observé.

Toutes les parties huileuses étant fondues, ne se sont point tenues séparées l'une de l'autre, comme l'avance ce même Auteur; ce qui seroit en effet une chose fort extraordinaire, que deux huiles ou substances butireuses, de même nature, développées l'une & l'autre par l'action du feu, ne se mêlassent pas. Il y étoit resté dans le ballon, avec ces huiles fondues, un peu de liquide spiritueux, jaune & trouble: le tout a pésé neuf gros. Les parois du vaisseau étoient encore enduites d'environ deux gros de substance butireuse, que l'on a enlevé avec de l'eau chaude. Il y avoit outre cela, dans le col de la cornue, de l'huile figée, fort brune, que l'on en a retiré en mettant un peu de feu sous ce col. Cette huile pesoit un gros, elle se fondoit à la moindre chaleur, mais elle se figeoit à l'air, avec la même facilité; elle avoit une odeur à-peu-près pareille à celle qui étoit passée dans le ballon; cependant un peu plus empyreumatique. Voilà donc une once & demi de productions huileuses & trois à quatre gros de spiritueux aqueux.

Liquide spiritueux.

queux. Le *caput mortuum*, resté dans la cornue, pesoit cinq gros & demi; ainsi il y a eu deux ou trois gros de perte, soit par les vapeurs échappées, soit par ce qui est resté dans les vaisseaux, que l'on n'a pu évaluer au juste. Il couste de cette analyse, que le Cacao contient au moins moitié de son poids de parties butireuses, dont nous allons suivre l'examen, ainsi que celui de ses autres principes.

Etant bien persuadé que les productions butireuses, résultantes de l'opération que nous venons de détailler, contenoient des parties huileuses éthérées, capables d'être emportées par l'eau, au moyen d'une chaleur douce; on a mis dans une cucurbite de verre, toutes les productions huileuses & spiritueuses, retirées du ballon, & environ trois chopines d'eau chaude, qui avoit servi à enlever tout ce qui pouvoit être resté attaché aux parois du vaisseau. On a posé ensuite la cucurbite garnie de son chapiteau, sur un bain de sable, dont le feu a été d'abord très doux. Il s'y est élevé à ce degré de chaleur, des parties huileuses & aqueuses. On a augmenté la chaleur, jusqu'à faire bouillir l'eau légerement.

Huile fine éthérée.

Il a continué de monter une huile très fine, claire & un peu ambrée : mais il ne s'y est élevé aucun vestige de sel volatil concret ; ce qui confirme de plus en plus, qu'il n'y en existoit point sous cette forme. On a obtenu par ce moyen, trois gros d'une très belle huile éthérée, qui ne s'est plus figée, ayant l'aromate, la volatilité & la pénétration de l'huile animale de *Dippalius*, dont on connoit les grandes propriétés contre l'Epilepsie nerveuse, la plus redoutable de toutes les maladies, que puisse éprouver le systême des solides. Mais l'huile éthérée du Cacao, avoit cette supériorité sur l'huile de Dippele, que l'odeur & la saveur en étoient beaucoup plus douces : elle n'altéroit en rien la couleur du papier bleu. On peut donc présumer avec fondement, que ce baume éthéré du Cacao, doit être fort ami des nerfs : quoiqu'il ne soit pas à beaucoup près aussi développé dans l'amande qui le contient, il faut néanmoins convenir qu'il y existe, peut-être d'une maniere plus analeptique & plus amie du genre nerveux.

La seule & légere torréfaction, que l'on donne au Cacao, pour en faire du Chocolat, suffit pour favoriser le premier développement de ce baume précieux, & c'est à ces mêmes parties fines & éthérées, que l'on doit attribuer l'effet cordial & subit que l'on ressent, presque aussitôt que l'on a pris du bon Chocolat bien fait, sans qu'il y ait eu aucune addition d'aromate; qualité qui se transmet aux nerfs, avant même que cette substance ait eu le temps de se communiquer au sang, par la route du chyle. M. de Caylus a très-bien connu ce bon & prompt effet, & y a fait une attention particuliere: circonstance heureuse dans l'action du Chocolat, mais qui ne doit point étonner; parce que cet huileux fin, éthéré & aromatique, dont le Cacao abonde, contient toutes les richesses de cet Esprit Recteur, que le grand Boerhaave a reconnu dans tous les végétaux odorants, & dont il a célébré par tant d'éloges, les grandes propriétés.

Esprit Recteur dans le Cacao.

Lorsqu'il ne s'y est plus élevé d'huile éthérée, on a laissé refroidir les vaisseaux. Il s'y est trouvé sur le liquide aqueux resté dans la cucurbite, sept à huit gros d'une huile noire figée, d'une odeur fort empyreumatique, mais d'une saveur assez douce sur la langue, n'y laissant qu'un arriere goût un peu piquant. On a mêlé avec un peu de cette huile épaisse, quelques gouttes d'huile éthérée, pour examiner de nouveau, si la grande ténuité de celle-ci, empêcheroit qu'elle ne se mêlât avec la partie grossiere & butireuse, comme M. de Caylus nous l'annonce : car il dit positivement, *ces deux huiles ne se confondent point ; & la rouge plus fixe que la premiere, se précipite toujours au fond* (*a*). Le contraire est arrivé ; l'huile fine éthérée s'est mêlée intimement avec l'autre, même à froid. Le mêlange s'en est fait encore plus parfaitement & plus promptement par une douce chaleur, & en refroidissant, elles ont formé ensemble, un corps butireux fort homogêne, dont rien ne se séparoit, que quelques petites parties aqueuses, qui étoient restées dans l'huile butireuse noire, en la retirant de dessus l'eau qu'elle surnageoit dans la cucurbite. Cela n'empêche pas néanmoins que M. de Caylus n'ait porté de cette substance huileuse fine, un jugement très-vrai, lorsqu'il a dit : *qu'il demeuroit pleinement convaincu, que le Cacao contenoit véritablement cet huileux volatil, si estimé dans la Mé-*

(*a*) Page 85.

decine, & qu'on ne devoit point chercher ailleurs la cause de la prompte réparation des esprits épuisés, confirmée par l'expérience journaliere dans l'usage du Cacao (a).

Le *caput mortuum* du Cacao calciné, contient beaucoup de sel fixe alkali.

Le *caput mortuum* resté dans la cornue, provenant des trois onces de Cacao soumis à l'expérience de la distillation & qui pesoit cinq gros & demi, étoit en morceaux noirs, de la grosseur des amandes, durs, ayant à leur surface une belle couleur d'azur ou de gorge de pigeon, que M. de Calyus a observé & qu'il a nommé *violette*. Cette couleur s'est perdue en deux ou trois jours & les charbons de Cacao sont restés fort noirs; ils n'avoient alors aucune saveur. On les a mis dans un creuset d'Allemagne bien propre, que l'on a couvert légerement, afin d'y laisser du jour, pour l'échappée des vapeurs fuligineuses. On l'a posé ensuite entre les charbons ardents. Le feu a été continué vif pendant plusieurs heures. Le creuset étant à demi refroidi, il s'y est trouvé une cendre blanche, en masse comme celle des cendres gravelées bien calcinées : étant pesée encore un peu chaude, elle s'est trouvée du

(a) Page 83.

poids d'un gros; elle avoit une ſaveur ſaline alkaline très-forte & s'humectoit promptement à l'air. Le couteau aimanté n'en attiroit rien. On a mis cette cendre dans cinq à ſix onces d'eau de pluie bouillante : ce liquide filtré étoit limpide, laiſſant ſur la langue une impreſſion alkaline, plus marquée que celle de la cendre. On a fait une deuxieme lotion, avec deux onces d'eau de pluie bouillante, verſée ſur le marc, afin de le deſſaler parfaitement. On a mis évaporer les lotions au bain-marie, dans un vaiſſeau de verre. Etant réduites à environ deux onces de liquide, il s'eſt trouvé aux parois du verre, une ſubſtance blanche, terreuſe, fine : il y en avoit également dans la liqueur, en forme de fœcule légere, qui étant diviſée & examinée au grand jour & au ſoleil, paroiſſoit compoſée d'une infinité ds parcelles luiſantes, en feuillets très fins & comme talqueux. Cette ſubſtance a été ſéparée par le filtre de papier, & étant ſéche elle peſoit à peine un grain. La liqueur filtrée avoit alors une ſaveur alkaline fort vive, décompoſant la ſalive & en laiſſant échapper des parties volatiles urineuſes, comme on ſait que le font tous les alkalis ſalins fixes très-purs.

Subſtance talqueuſe ſinguliere, contenue dans la liqueur alkaline du *caput mortuum*.

Les cendres après avoir été lavées & séchées, ne pesoient plus que quarante grains; donc il y avoit eu trente-deux grains de substance saline d'emportée par les lotions. Ces cendres ainsi lavées & séchées, étoient d'un blanc-sale, remplies de beaucoup de parcelles rougeâtres, que l'on ne pouvoit bien appercevoir, que par le secours d'un bon verre lenticulaire, d'un pouce de foyer; mais encore mieux par le moyen du couteau aimanté; car il les attiroit toutes fort facilement; ainsi que quelques parties blanches, qui n'étoient peut-être attirées elles-mêmes, que parce-qu'elles étoient unies à des molécules rougeâtres. Cette circonstance prouve incontestablement, qu'il y a du fer dans les amandes du Cacao. En effet, où sont les productions végétales, qui bien examinées ne manifestent de ce minéral. Ces portions de fer ne pouvoient être soupçonnées venir d'ailleurs que du Cacao; car les vaisseaux que l'on avoit employés pour son analyse, étoient très-propres. La liqueur alkaline étant évaporée au bain de sable très doux, il s'y est formé sur la fin une grande quantité de cristaux plats, blancs & éclatants comme ceux du sel

Les cendres du Cacao contiennent du fer.

Cristaux salins en feuillets, comme le sel sédatif.

ſédatif. On a laiſſé évaporer tout le liquide à ſiccité. On a mis enſuite le vaiſſeau à la cave, incliné de maniere à laiſſer tomber en *deliquium* & écouler tout l'alkali fuſible à l'humidité.

Un mois après il s'y eſt trouvé dans le vaiſſeau deſtiné à recevoir le *deliquium*, une liqueur fort claire, ayant le goût & tous les caracteres d'un alkali ſalin bien pur. Il y étoit reſté dans le vaiſſeau incliné, une grande quantité de ces criſtaux fins & plats, dont nous venons de parler, mais encore humides. On a verſé deſſus un peu de bon eſprit de vin pour les laver; on les a fait ſécher enſuite à l'étuve. Etant bien ſecs, ils étoient d'un blanc-ſale, en feuillets minces éclatants, reſſemblants fort par cette forme, au ſel ſédatif. Ils craquoient un peu ſous la dent, & laiſſoient ſur la langue une legere ſaveur alkaline, & une de tartre vitriolé. Ce ſel a fait une efferveſcence très marquée, avec de l'eſprit de vitriol, & la plus grande partie s'y eſt diſſous; ce qui paroit annoncer qu'il y a peu de tartre vitriolé dans ce ſel & qu'il eſt preſque tout alkalin. Ce ſel conſtitueroit donc un alkali ſalin, qui porteroit un caractere particulier;

car on n'en connoît point qui se cristallise ainsi, en feuillets fins & éclatants.

Nous avions fort à cœur d'approfondir la nature & les qualités des parties spirituo-aqueuses, qui étoient passées de la cornue dans le ballon. Pour suivre ces vues & porter les recherches à cet égard, aussi loin qu'il nous seroit possible, on a recueilli toute l'eau qui avoit servi à emporter du ballon les parties grasses & spiritueuses, & qui avoit été employée ensuite à la rectification de ces mêmes substances, pour en obtenir l'huile éthérée. Cette eau à la quantité d'environ trois livres, étant bien séparée par le filtre de papier, des parties huileuses grossieres, qui y étoient restées après la rectification, étoit ambrée, avoit une saveur un peu amere. On l'a fait évaporer dans un vaisseau de verre, au bain de sable, à un feu doux & à la réduction de cinq à six onces. On a filtré de nouveau ce liquide, pour le séparer d'un dépôt brun qui s'y étoit formé. Alors la liqueur filtrée étoit d'un brun rouge, assez claire, fort amere, ayant un goût d'acidité marquée, qui rougissoit le papier bleu, un peu plus que ne faisoit l'esprit au sortir de la cornue. On

Extrait amer salin du Cacao.

a soumis de nouveau ce liquide à l'évaporation, jusqu'en consistance d'extrait épais, mais au bain marie, afin d'avoir une chaleur douce & égale. Cet extrait étoit noirâtre, fort amer, sans être désagréable. Etant refroidi, il s'est trouvé rempli d'une substance saline groupée, que l'on reconnoissoit distinctement, en l'examinant au grand jour avec une loupe; on y appercevoit aussi une croute saline brute, qui surmontoit l'extrait. On y remarquoit de plus des cristaux en aiguilles fines, qui se prolongeoient le long des parois du vaisseau, vers la partie extractive, en forme de pinceaux, dont la pointe étoit à la partie supérieure.

On a posé toute cette substance salino-extractive sur un petit entonnoir de verre, garni de mousseline claire, que l'on a mis ensuite à la cave, afin de laisser tomber en *deliquium* la seule partie extractive & d'avoir par ce moyen la saline séparément. En effet, au bout d'environ un mois, il s'y est trouvé sur la mousseline, une petite masse composée de cristaux fins, & il y étoit tombé en *deliquium*, deux à trois gros d'une liqueur fort brune, d'une odeur singuliere, comme de bitume, qui n'étoit point désagréable, d'une saveur légérement acidule, comme si elle eut contenu beaucoup de sel essentiel; elle rougissoit promptement & imparfaitement le papier bleu, ou plutôt elle le décoloroit, en y laissant une couleur rouge matte tirant sur le blanc.

Sel essentiel de Cacao qui se fond dans l'esprit de vin.

Pour s'assurer de la qualité de la partie saline extractive & pour l'obtenir plus pure, on a versé dessus deux ou trois gros de bon esprit de vin. On s'est apperçu qu'il avoit fondu une partie du sel, on a chauffé le tout au bain marie, il s'y est fondu encore davantage de ce sel : voyant qu'il ne s'y en fondoit plus, on y ajouta de l'eau, environ le quart de la quantité du liquide spiritueux que l'on avoit employé. Alors toute la substance saline s'est fondue, & il n'y restoit plus qu'une espece de fœcule brune legere, que l'on a séparé par le moyen du filtre. On a mis ensuite tout le liquide filtré dans un verre, que l'on a posé dans une étuve douce. A mesure que le liquide s'évaporoit, il s'y formoit aux parois du verre, une croute saline brute, où l'on distinguoit, quoiqu'avec peine, quelques petits cristaux longs très-fins. Toute la liqueur étant évaporée, on a versé de nouveau dans ce verre, un ou deux gros de bon esprit de vin; il s'y est coloré promptement & assez fortement, y a acquis une saveur amere & une odeur aromatique, approchant de celle du castor, ou de la racine de petite valeriane. Odeur singuliere & pénétrante qui décele encore dans cette substance un esprit recteur, retenu & bridé par beaucoup de parties extractives & bitumineuses. Il y est resté dans le verre une poudre blanche, que l'esprit de vin n'a pu dissoudre. On a transvasé doucement ce liquide spiritueux dans un autre verre, avec l'attention de laisser la poudre au fond du vaisseau, où elle étoit précipitée. On a mis le verre qui contenoit l'esprit de vin coloré à l'étuve. Tout le fluide étant évaporé, il y avoit aux parois du verre, une assez grande quantité de cristaux très-fins en aiguilles, & sous une forme de végétation rameuse, dont les cristaux étoient cependant fort serrés. Ceux de la partie supérieure étoient blancs, ayant tant soit peu d'amertume, mais nulle acidité marquée; les rameaux salins qui étoient plus bas, se trouvoient confondus avec une substance rougeâtre, grasse, visqueuse, fort amere.

Voilà donc un sel essentiel singulier, qui a la propriété de se fondre totalement dans l'esprit de vin bien pur, & qui ne le peut que très-imparfaitement, & avec beaucoup de peine dans l'eau ; ce qui vient probablement, de ce qu'il est intimement uni à des parties onctueuses & comme bitumineuses. Afin de s'assurer si ce sel ne contenoit rien d'ammoniacal, ou d'acide, il falloit chercher à pénétrer à travers les parties grasses qui l'enveloppoient ; pour cet effet, on a versé dessus de l'eau de pluie bouillante, fortement imprégnée de l'alkali du tartre. Il s'y est fait pendant le mêlange une légere effervescence, qui se manifestoit seulement par des bulles d'air, qui se formoient à quelques endroits ; mais il ne s'en est élevé aucune odeur volatile urineuse ; donc il n'y avoit rien d'ammoniacal, dans ce sel bitumineux ; mais seulement quelque portion d'acide végétal développé. Il s'y est formé dans le liquide de ce dernier mêlange, une fœcule brune, fort abondante. La liqueur filtrée étoit brune, d'une saveur saline, neutre, savoneuse, où l'acide ni l'alkali ne se faisoient nullement reconnoître, ne rougissant plus le papier bleu. L'odeur bitumineuſe agréable, qu'avoit ce ſel avant ſon union à l'alkali, étoit un peu dégénérée. On a mis enſuite la liqueur filtrée dans un vaiſſeau de verre, que l'on a expoſé à une étuve douce, afin d'avoir une évaporation lente, & de favoriſer par ce moyen la formation des criſtaux. Le liquide étant réduit à ſiccité, il y eſt reſté aux parois du verre un ſel brun, amer, aſſez brut, où l'on voyoit cependant quelques criſtaux fins, dont la ſaveur étoit un peu piquante, mais non acide, puiſque cette ſubſtance ſaline n'altéroit aucunement la couleur du papier bleu. Donc elle étoit un véritable ſel neutre, devenu plus ſavoneux qu'avant ſon union à la partie alkaline qu'on y avoit ajoutée & qui y avoit mêlé encore plus intimement la partie onctueuſe bitumineuſe.

Nous avions à examiner la poudre blanche qui étoit reſtée inſoluble dans l'eſprit de vin : pour cet effet on a verſé deſſus de l'eau de pluie bouillante, elle s'y eſt fondue avec beaucoup de facilité & a donné à l'eau une grande amertume. Cette ſolution étoit limpide, légerement ambrée ; elle s'eſt néanmoins un peu troublée en refroidiſſant.

On l'a mise dans un verre & à l'étuve. Etant évaporé à siccité & à une chaleur fort douce, il s'y est trouvé au fond du verre une substance blanche, brute & comme terreuse; il y avoit seulement aux bords ou aux parois du vaisseau, une espece de petite croute saline, brune. La partie blanche qui étoit au fond du verre avoit une saveur très-amere. On en a mis avec un peu d'esprit de vitriol, il ne s'y est fait aucune effervescence apparente, & la poudre s'est dissoute dans l'esprit acide. Une autre partie de cette poudre amere, mise dans l'eau de pluie bouillante, s'y est fondue parfaitement. La croute saline qui étoit aux parois du verre, étoit ainsi que la poudre, d'une grande amertume; elle n'a point fait effervescence avec l'acide vitriolique; elle s'est aussi fondue fort promptement & totalement dans l'eau chaude. On a versé sur l'eau où on avoit fait fondre la poudre blanche, quelques gouttes d'huile de tartre alkalin, & il n'en est résulté aucune effervescence sensible. Cependant l'eau s'est légérement troublée & a laissé déposer une petite quantité de fœcule légere; ce qui donne lieu de juger que cette poudre blanche amere, est

Il n'y a point d'acide vitriolique dans le sel essentiel du Cacao.

une espece de sel terreux, qui retient avec lui une partie bitumineuse, qui lui communique cette amertume. Il ne paroit pas que ce soit l'acide vitriolique qui soit uni à la partie terreuse, pour en former la poudre blanche saline amere; car au moyen de l'évaporation lente, que l'on avoit fait éprouver plusieurs fois à la solution de cette poudre, elle auroit dû fournir des cristaux séléniteux; au lieu qu'elle n'a produit qu'une poudre brute, saline, amere, qui se fondoit dans l'eau avec beaucoup plus de célérité, que ne fait toute espece de sélénite. Ces différents examens donnent lieu de conclure, que le Cacao contient, outre un sel essentiel abondant, une autre substance terreuse, amere, brute, d'une nature singuliere, qui porte absolument un caractere salin & qui doit entrer dans la classe des sels neutres terreux, puisqu'il ne fait aucune effervescence avec les acides.

Sel essentiel terreux amer.

La liqueur tombée en *deliquium* de la partie extractive, & qui avoit fourni un sel bitumineux, dont nous venons de voir l'examen, méritoit aussi d'être considérée elle-même, même de plus près que nous ne l'avions fait jusqu'alors. Dans cette vue, on a mis sur un peu de cette liqueur extractive, quelques gouttes d'esprit de vitriol. Le mêlange s'est troublé sans aucune effervescence sensible & a répandu une odeur aromatique singuliere, qui approchoit de celle de la partie grasse du *castoreum*; c'est-à-dire, de cette matiere qui se trouve encore un peu fluide, dans la poche tirée récemment des aînes du Castor. Quelques minutes après, le liquide s'est éclairci & ce qui s'en est précipité, ressembloit assez à des parties salines brutes. On a versé par inclinaison (*a*) tout le fluide & on a mis un peu d'eau chaude sur ce qui restoit : il s'est fondu à l'instant, sans laisser de précipité; ce qui annonce que c'étoit une substance vraiment saline. Le tout étant mêlé, la liqueur a été filtrée & mise à évaporer dans une étuve douce. Etant réduite à siccité, il y avoit aux parois du verre des cristaux, partie brutes, partie

Odeur de *Castoreum* provenant de la liqueur extractive du Cacao.

(*a*) Nous nous servons du terme *d'inclinaison*, parce qu'il exprime mieux la pente que l'on donne au vaisseau, dont on veut séparer un liquide de dessus le marc; aulieu que celui d'*inclination*, qui est cependant le terme usité en pareil cas, paroit avoir moins de rapport à l'action de pencher un vaisseau, qu'à une disposition de l'ame.

en aiguilles ; le tout d'une ſaveur acide ; parce que l'acide vitriolique y dominoit un peu ; mais il s'y étoit formé au fond, des criſtaux blancs, diſpoſés en houppes. Ces criſtaux n'avoient aucune ſaveur & ne rougiſſoient point le papier bleu ; ce qui a fait juger avec fondement, que c'étoit une ſélénite fine, produite par l'union de l'acide vitriolique à la petite portion de terre légere, qui ſe trouve dans la partie extractive & qui concourt à former la poudre blanche ſaline amere, dont nous venons de parler. Ces criſtaux fins ſéléniteux, ont cela de particulier, qu'une grande partie ſe fond promptement à l'eau froide. Si on y verſe enſuite de l'huile de tartre, le mêlange devient laiteux & dépoſe beaucoup de fœcule blanche ; ce qui confirme que c'eſt un véritable ſel ſéléniteux.

Sel ſéléniteux, formé avec la terre contenue dans la liqueur extractive du Cacao.

Nous ne nous ſommes pas contenté de ces recherches, on a attaqué la liqueur extractive, par la voie des alkalis fixes ſalins. A l'inſtant du mêlange il s'en eſt élevé une grande quantité d'eſprits volatils urineux, qui frappoient fortement l'odorat, & qui y annonçoient beaucoup de ſel ammoniacal. On a étendu ce mixte dans un peu

Sel volatil urineux, découvert dans la liqueur extractive du Cacao.

d'eau de pluie chaude, il s'en est précipité une fœcule brune fort abondante. On a filtré le liquide, il s'est trouvé d'un brun-clair, n'ayant que peu ou point d'odeur. On l'a mis à évaporer à siccité dans un verre, à la chaleur d'une étuve très-douce. Il y resté au fond & aux parois du vaisseau, un sel brut, brun, foiblement amer, craquant un peu sous la dent, d'une saveur légérement piquante.

Ces observations méritent certainement d'être répétées plus en grand; ce qui facilitera les moyens de démêler & de constater avec encore plus de précision, & la quantité & la qualité de tous ces sels singuliers. Car on ne peut voir sans étonnement, dans une seule substance végétale, telle que le Cacao, une si grande diversité de combinaisons, tant de parties salines, que de bitumineuses ou huileuses, & de terreuses, dont les unes & les autres, portent des caracteres particuliers & peut-être uniques pour la plûpart.

Cela pourra donner matiere à nos Sçavants, de faire sur ce sujet des recherches & des découvertes importantes, que le manque de temps & peut-être de lumieres, ne nous permettroit pas d'approfondir, autant que l'utilité & l'étendue de l'objet le demandent; trop heureux ſi nous leur en avons donné l'ouverture ou fait naître la penſée!

CHAPITRE IV.

Analyſe des pellicules du Cacao.

IL nous reſtoit à examiner la pellicule des amandes de Cacao. Nos analyſes n'avoient porté que ſur l'amande proprement dite, ou la ſeule partie du Cacao qui entre dans le Chocolat. Nous avions d'autant plus à cœur de faire cet examen, que nous deſirions de ſavoir, ſi le ſel volatil que MM. Ray & Lemery diſent avoir tiré du Cacao, ne ſeroit point contenu dans ſa pellicule; car nous n'en avions apperçu aucun veſtige dans la diſtillation de l'amande. Pour vérifier ce fait, on a mis dans une cornue de verre lutée, deux onces de pellicules de Cacao Caraque bien épluchées, ſans avoir éprouvé de torréfaction. Ce vaiſſeau poſé enſuite dans un fourneau de reverbere & garni de son ballon, a reçu l'action d'un feu doux. A la premiere impression de ce feu, il est sorti par le bec de la cornue un esprit, sous la forme de gouttes claires, un peu rousses, d'une odeur d'huile éthérée, empyreumatique & chargées en effet de quelques parcelles d'huile brune. Cet esprit avoit une saveur piquante & amere; rougissant promptement & beaucoup plus fortement le papier bleu, que ne faisoit l'esprit de l'amande du Cacao dépouillée de son écorce; ainsi que nous l'avons vu ci-dessus. Mais cette couleur rouge, quoiqu'assez vive, s'est perdue presque totalement en vingt-quatre heures, comme celle que fait sur le même papier l'esprit de l'amande; ce qui annonce que cet esprit acide, est volatil de sa nature; & en effet il le doit être, puisque c'est un acide végétal, qui a de plus été atténué par l'action du feu.

Quelques temps après, il est sorti de la cornue des vapeurs blanches, mais elles n'étoient pas à beaucoup près aussi légeres, que les premieres que produit la distillation des amandes du Cacao; aussi l'huile figée qui en résulte par leur condensation, n'est-elle pas blanche, mais brune. Sur la fin de la distillation, poussée à un feu de flamme un peu vif, il s'y est élevé un sel volatil concret très-blanc, qui s'est attaché en ramifications dans le col du ballon, & particulierement dans celui de la cornue. Les ramifications de ce sel étoient brutes & irrégulieres dans le col du ballon, mais un peu plus fines & mieux suivies dans celui de la cornue. Les vaisseaux refroidis, on en a retiré quelques portions de ce sel; il étoit sous une forme cristalline blanche, d'une saveur ammoniacale, sans aucune amertume. Voilà donc ce sel volatil, que MM. Ray & Lemery ont annoncé, qui se trouve réellement dans l'écorce du Cacao; peut-être y en a-t-il aussi dans la substance même de l'amande; mais qui se trouve tellement enveloppé par la grande quantité de vapeurs huileuses, qui s'élevent & se condensent pendant tout le temps de la distillation, qu'on n'en peut appercevoir distinctement aucun vestige. L'analyse du Cacao faite en grand, auroit-elle produit à ces Messieurs le sel volatil concret dont ils parlent? Mais M. de Caylus qui a opéré sur une livre de ces amandes, assure n'avoir vu *aucun vestige de*

Sel volatil concret, des pellicules du Cacao.

ſel volatil concret (*a*). Il dit à la vérité avoir mondé le Cacao qu'il a employé pour ſon analyſe. Si c'eſt effectivement de ſon écorce qu'il l'a mondé, ce ſeroit une preuve que ce ſel volatil concret, n'exiſte réellement que dans l'écorce de cette amande, & dans ce cas il faudroit que MM. Ray & Lemery euſſent employé le Cacao avec ſon écorce dans leurs procédés, pour en avoir obtenu du ſel volatil, comme ils le diſent ; à moins encore que le Cacao n'ait produit ce ſel volatil, entre les mains habiles de ces Meſſieurs, en pouſſant le feu à un extrême degré de chaleur.

M. de Caylus eſt néanmoins ſi perſuadé que le Cacao ne contient point de ſel volatil, qu'il dit (*b*) que *M. Lemery a apparemment avancé ce fait ſur la foi d'autrui ; que de ſon chef, il étoit trop habile pour s'y méprendre.* On pourroit cependant objecter à M. de Caylus, que les vapeurs urineuſes, qui s'élevent en grande quantité, par l'addition d'un alkali fixe, ſur la liqueur extractive provenante de la diſtillation des amandes de Cacao dé-

(*a*) Page 86.
(*b*) Page 87.

pouillées de leurs pellicules, ainsi que nous l'avons observé, semblent prouver, qu'il y est passé pendant la distillation de ces amandes, un sel volatil concret; mais qui a été en effet tellement enveloppé par les vapeurs onctueuses, qu'il n'a pu paroître sous la forme qui lui est propre, & que s'étant ensuite uni à la partie acide qui sort également du Cacao par cette analyse, ils se joignent ensemble & forment un sel ammoniacal, qui reste fixement dans la liqueur extractive; mais qui se manifeste de nouveau, en y ajoutant un alkali fixe. Au reste si le sel volatil concret paroit distinctement dans l'analyse de l'écorce du Cacao, c'est qu'elle ne produit point assez de parties huileuses, pour l'envelopper, au point de ne le point appercevoir; ou parce que cette pellicule de l'amande en contient plus que l'amande même.

Quoi qu'il en soit, il est constant par l'opération que nous avons faite sur l'écorce ou pellicule des amandes du Cacao Caraque, qu'elle contient du sel volatil concret fort beau, quoiqu'en médiocre quantité. Il est encore bon d'observer, que ce sel ne paroit pas avoir autant de volatilité, que celui

que

que l'on tire des ſubſtances animales. L'eſprit & l'huile qui ſont ſortis des pellicules, n'avoient ni à l'odorat ni au goût, la douceur & la ſuavité de ces mêmes principes, provenants de l'amande. Leur odeur dominante étoit pareille à celle que produit toute ſubſtance animale ſoumiſe à la même épreuve, particulierement à celle de la corne de cerf. On a enlevé avec de l'eau chaude l'huile figée & toutes les autres productions qui étoient dans le ballon & dans le col de la cornue; on a mis le tout dans une cucurbite de verre, pour procéder à la rectification. Il n'y a point paru au dôme du chapiteau de ſel volatil; ce qui confirme que ce ſel n'eſt pas auſſi exalté que celui des ſubſtances animales, qui s'éleve ſeul dans ſa rectification, ou au moins en partie, à la moindre chaleur; ou bien parce qu'il ſe feroit neutraliſé dans la cucurbite avec l'eſprit acide. Il s'y eſt élevé avec les parties aqueuſes des petites gouttes d'huile éthérée, dont les premieres étoient fort blanches; mais celles qui leur ont ſuccédées, avoient une couleur rouge-brune, quoique tranſparentes. Cette huile éthérée étoit beaucoup moins douce au goût, que celle qui provient des amandes du même Cacao dépouillées de leur écorce. L'eau ou l'esprit qui distile avec cette huile est fort limpide, ayant une couleur un peu rougeâtre, qui lui vient de l'huile qu'il a emporté avec lui & dont il paroit fort impregné; car il en avoit contracté fortement la saveur. Il n'altere en rien la couleur du papier bleu; il semble même lui donner plus d'éclat; ce qui prouve qu'il n'est chargé d'aucun acide; parce que celui-ci aura été combiné entierement avec les autres principes dans la cucurbite.

La liqueur restée dans ce vaisseau avec l'huile noire fœtide, étant refroidie, a été filtrée par le papier, pour la séparer de cette huile grossiere; elle avoit une saveur insipide, sans aucune amertume bien sensible. On l'a mise évaporer au bain de sable. Lorsqu'elle a été réduite à la quantité de trois à quatre onces, elle a commencé à devenir amere; elle a été filtrée alors de nouveau, pour en séparer quelques parties grossieres brunes, qui s'étoient formées à la superficie. On a remis évaporer le reste de ce liquide, dans un vaisseau de verre, au bain marie très-doux & à siccité. Il y est resté une masse extractive en consistance de miel, d'une grande amertume, remplie de sel essentiel, partie sous une forme crouteuse, partie sous celle de ramifications fines, appliquées le long des parois du vaisseau. Ces productions extractives ont parues être à-peu-près les mêmes, que celles que nous avons vu dans l'extrait, qui est résulté de l'amande même du Cacao, soumise aux mêmes procédés. Il en est particulierement sorti beaucoup d'esprit volatil urineux, par l'addition de l'alkali du tartre; comme cela étoit arrivé à l'extrait amer de l'analyse de l'amande exposée à la même épreuve.

Le *caput mortuum* qui étoit resté dans la cornue pesoit cinq gros. Or nous avions employé deux onces de pellicules, elles ont donc produit une once trois gros de principes actifs; dont la plus grande partie consistoit en huile butireuse. Il y avoit aussi beaucoup plus de parties spirituo-aqueuses, que n'en avoit produit l'analyse de l'amande proprement dite. On a mis ce résidu dans un creuset neuf & on l'a exposé à un feu suffisant, pour réduire le charbon des pellicules en une cendre bien calcinée : elles ont eu plus de peine à se calciner parfaitement, que le *caput mortuum* des amandes. Dans cet état d'incinération, elles avoient une saveur, qui annonçoit la présence d'une grande quantité de sel alkali très-pur. Cette cendre contenoit aussi des parties ferrugineuses attirables par l'aimant. On voit par cet examen, que la pellicule de Cacao, n'est point dépourvue de vertu & que ce n'est pas sans raison, que l'on a commencé à en faire usage intérieurement. Nous examinerons quelle peut être la meilleure maniere de l'employer & les avantages qu'on en peut tirer.

CHAPITRE V.

Comparaison de l'analyse du Cacao, avec celle du Caffé.

L'Analyse du Cacao a dans ses produits, beaucoup d'analogie avec quelques-uns de ceux du Caffé, particuliérement dans son huile butireuse : car celle du caffé se congele comme celle du Cacao ; nous avons même observé dans quelque résultat de l'esprit du

Caffé, une odeur qui approchoit fort de celle du beurre de Cacao distillé. L'esprit du Cacao est moins acidule que celui du Caffé & son huile butireuse beaucoup plus douce. Le sel essentiel du Cacao a aussi beaucoup de rapport à celui du Caffé, tant par son amertume que par son odeur; si ce n'est que l'odeur du sel de Caffé, approche davantage de l'aromate singulier du *castoreum*, au moins lorsque ce sel est gardé, que ne fait celui du Cacao. Il y a encore cette différence entre l'un & l'autre, que le sel du Caffé dans sa rectification, se sublime en forme de végétation rameuse très-jolie, par une chaleur douce; au lieu que celui du Cacao y reste fixement, sans qu'il s'en éleve aucun vestige. Nous pourrons examiner plus particulierement dans une autre circonstance les productions du Caffé.

Les recherches de plusieurs Savants sur les principes du Cacao, ainsi que celles que nous venons de développer, d'après l'examen que nous en avons fait, doivent nous conduire naturellement à bien connoître le caractere & les propriétés de l'amande du Cacaotier. Ce que nous en allons dire, se trouvant d'ailleurs appuyé ſur une longue & univerſelle expérience de pluſieurs nations, la connoiſſance de ce fruit ſera portée auſſi loin qu'elle le peut être : au moins toute perſonne raiſonnable ſera en état d'apprécier ſes vertus à leur juſte valeur. Pour ne nous point écarter du vrai, nous jetterons ſouvent les yeux ſur les principes compoſants de cette amande Américaine. Nous nous ſommes bornés avec raiſon, à ne donner qu'une notice ſur l'Hiſtoire du Cacao, puiſque le Pere Labat, M. de Caylus & autres, ſont entrés à ce ſujet dans un détail circonſtancié. Nous allons donc actuellement examiner les vertus de cette amande bien-faiſante, ainſi que ſes effets, tant ſur les ſolides que ſur les fluides du corps humain.

DEUXIEME PARTIE.

DE L'USAGE DU CHOCOLAT.

CHAPITRE PREMIER.

Examen de l'action & des effets du Cacao & du Chocolat, sur les solides & les fluides.

LE Cacao contient, comme nous l'avons vu, une grande quantité de graisse végétale d'une grande douceur; il entre par-là dans la classe des amandes douces, des Pignons, des Pistaches, des Amandes d'Acajou & de tous les autres fruits de cette espece; avec cette différence, que les parties oléagineuses de toutes les amandes connues rancissent facilement, si on en excepte l'amande de *Ben*; mais celle-ci loin d'être un adoucissant, un aliment, est un puissant vomitif, un purgatif : par-conséquent, le Cacao doit être regardé par préférence à tout autre fruit de cette classe, comme une substance balzamique, calmante, adoucissante, assoupissante, propre à remédier à la rigidité de la fibre & à l'acrimonie des humeurs, lorsqu'elle aura été introduite dans le commerce des liqueurs animales & qu'elle y circulera habituellement, au moins pendant un certain temps & en une suffisante quantité, pour y opérer ses bons effets. Le Cacao est effectivement d'une douceur qui surpasse celle de toutes les autres substances grasses, végétales & animales connues; douceur que ce fruit conserve, comme nous l'avons vu, pendant un grand nombre d'années, sans la moindre altération, tandis que toutes les autres s'alterent & se corrompent si promptement. Une des preuves de cette grande qualité dans l'amande du Cacao, est que ce fruit gras réduit en pâte ou même son beurre posé sur le cuivre, peuvent y séjourner pendant plus d'un mois, sans y produire aucune trace de verd-de-gris; au lieu que toutes les autres graisses connues, soit végétales soit animales, appliquées sur ce métal, y forment promptement une couleur verte; nous nous sommes assurés de ces faits par l'expérience. Ce qui annonce dans ces graiſſes communes, un acide aſſez abondant & aſſez développé, pour corroder le cuivre; au lieu que dans le Cacao, il y eſt ou plus doux, ou en moindre quantité, ou beaucoup plus enveloppé. Nous avons vu en effet par l'analyſe, que l'acide contenu dans le Cacao eſt très-foible, de plus il y eſt couvert par la grande douceur & par l'abondance des parties onctueuſes que cette amande contient. Cette connoiſſance de l'extrême douceur du beurre de Cacao, a conduit naturellement à en enduire les ouvrages de fer & d'acier bien polis, pour les préſerver de la rouille; moyen qui réuſſit parfaitement & mieux que ſi l'on employoit toute autre graiſſe.

Lors donc que les parties oléagineuſes du Cacao auront roulé avec le ſang, les ſolides en recevront une mobilité, qui les fera agir avec liberté ſur les fluides; parce que tout ce qu'il pourroit y avoir d'irritant dans ceux-ci. étant comme émouſſé par la douceur de la ſubſtance butireuſe de l'amande du Cacao, ils ne feront ſur les fibrilles des vaiſſeaux aucune impreſſion révolgante; par-conſéquent, il n'y aura ni érétisme, ni crispation, ni trouble. Les colonnes des liquides qui en seront impregnées, auront seulement sur les membranes des vaisseaux une action modérée, qui repoussera mollement la fibre au-dela de son ton naturel, afin de donner lieu à la réaction & à un spasme doux, ami de la nature; d'où résulteront des mouvements hétérocrones, mais paisibles, enfin un jeu systaltique protecteur de toutes les fonctions animales & le soutien de la vie. D'où s'en suivra nécessairement une santé longue, forte & pleine de vigueur. Car on sçait qu'une telle santé, dépend essentiellement d'une juste proportion d'action des liquides sur les solides & de la réciprocité de ceux-ci sur les fluides. Ce qui suppose une grande homogénéité dans les principes du sang, ainsi qu'une grande douceur. Car s'ils sont chargés de parties stimulantes, il en résulte une action trop vive sur les solides; alors ils se soulevent avec force contre les fluides & leur impriment un mouvement projectif fougueux, qui trouble les sécrétions, qui produit une chaleur consomptive & qui conduit infailliblement l'être animé à sa destruction.

Cette réciprocité d'action des solides sur les fluides & *vice versa*, existe incontestablement dans toutes les fonctions de l'œconomie animale, particulierement dans la circulation du sang & des liquides primitifs qui en dérivent. Soit que l'on admette pour cause physique de ces opérations une sorte d'orgasme ou de spasme déterminé par le sang sur les artères, ou sur le cœur comme solide primitif; soit que l'on reconnoisse avec Galien & avec l'immortel Harvée, comme on l'a fait presque généralement jusqu'ici, un battement ou une dilatation & une réaction des parois des vaisseaux artériels sur les fluides qui les ont dilatés. Méchanisme que M. de la Mure, Médecin & Académicien de Montpellier, ne reconnoît point pour être la cause du battement des artères. Il prouve en effet que le peu de dilatation que le sang occasionne dans les artères éloignées de leur origine, dans le temps qu'il y est poussé par le cœur, ne peut être la cause du battement artériel (*a*).

(*a*) Voyez son savant Mémoire à ce sujet, Vol. de l'Acad. Royale des Sciences de France, pour l'année 1765. page 620.

Voyez aussi à la fin de cet Ouvrage, une

Nous disons donc d'après l'expérience, que l'amande du Cacao porte en elle de quoi prévenir bien des désordres entre les solides & les fluides, & même de quoi y remédier, si l'on sçait faire arriver dans le sang cette substance nourriciere balzamique, dans de justes proportions & avec les qualités qu'exige la nature. Nous voyons en effet par la décomposition analytique du Cacao, que ce fruit ne contient que des principes bien-faisants ; une grande quantité d'huile ou de substance butireuse de la plus grande douceur & inaltérable, intimement combinée avec un sel essentiel huileux amer, & une partie extractive tonique, qui est aussi légerement amere. Le sel essentiel y est fort abondant, comme nous l'avons vu ; car outre celui que nous avons observé dans les produits de la distillation, le sel alkali fixe qu'on en retire par la calcination, n'est sans doute pas sous cette forme dans l'amande de Cacao avant sa combustion, mais il y porte alors les caracteres d'un sel essentiel doux & savoneux. Or de

Note Anatomique, où l'on prend la liberté de discuter un peu l'opinion de M. de la Mure, sur la cause du battement des artères.

quelque côté que l'on confidere ces produits, on n'en peut déduire que des conféquences avantageufes en faveur du Cacao. En effet lorfque par une douce torréfaction, on a excité dans ces amandes un leger développement de leurs principes, on y trouve une fubftance nourriciere & cordiale, dans la partie butireufe & dans fon huile fine aromatique, l'une & l'autre fort amies des nerfs, comme nous l'avons obfervé.

Du côté du fel effentiel, on y poffede une vertu antifeptique ou antiputride fûre; car on a vu qu'il eft amer, qu'il eft acidule de fa nature, qu'une partie de fon acide eft fi intimement unie à des molécules balzamiques & à une terre douce finguliere, qu'il faut un liquide fpiritueux ou femi-fpiritueux, pour diffoudre le fel effentiel qui en réfulte. Par conféquent cette combinaifon faline eft extrêmement propre à s'oppofer à toute putréfaction. On fçait que le Quinquina ne tient fa grande qualité antifeptique, que de l'abondance des parties ameres & toniques, qui entrent dans la combinaifon des principes de cette écorce fébrifuge. Or le Cacao eft doué des mêmes facultés & le surpasse en vertu par ses parties salines-balzamiques. La torréfaction à laquelle on soumet le Cacao pour en faire le Chocolat, est telle, que cette substance saline reste intimement unie à la partie butireuse proprement dite; ensorte qu'elle ne la peut abandonner, à telle action que cette combinaison puisse être soumise, par les nombreuses circulations auxquelles elle peut être exposée dans le corps humain. Ce sel essentiel étant ainsi rendu savoneux, par son union intime à des parties huileuses fines, opérera comme un atténuant doux & balzamique, & devient ainsi le correctif de la partie grasse de l'amande du Cacao, en relevant le ton des fibres, qui seroient sans cela trop assouplies par l'onctueux de la partie butireuse. La partie extractive, terreuse & amere qui se trouve dans le Cacao, est aussi très-propre à relever & à soutenir le ressort des fibres. Il est sûr que sans ces derniers principes, la partie grasse butireuse du Cacao, qui y est si abondante, deviendroit trop relâchante & pourroit avoir des inconvénients dans l'usage habituel ou trop fréquent que l'on feroit du Chocolat.

Les produits de l'amande du Cacao étant donc tels en effet, que nous les avons démontrés, il est évident que ce fruit doit avoir la vertu de corriger les sels âcres & muriatiques du sang, d'adoucir ce qui pourroit y avoir d'austere dans ce précieux liquide, ainsi que dans les autres fluides qui en proviennent & de donner aux fibres membraneuses, nerveuses & tendineuses, ce degré de souplesse dont la nature a tant besoin, pour exécuter les jeux & toutes les fonctions œconomiques du corps humain; d'où il est aisé de conclure, que le Cacao réduit sous la forme du Chocolat est un bon remede alimentaire contre la Phtisie, contre les fontes catarrhales & les acrimonies scorbutiques, ainsi que dans les toux violentes, entretenues soit par l'âcreté de l'humeur bronchiale, soit par des spasmes. L'humeur goutteuse ne sera pas moins soumise à son pouvoir, surtout lorsqu'elle est vague & indéterminée. Le Chocolat doit être aussi regardé comme un puissant restaurant, propre à réparer & à soutenir les forces dans les épuisements, soit qu'ils viennent à la suite de grandes maladies, ou de quelques travaux excessifs du corps ou de l'eſprit, ou par une trop grande perte de quelque liqueur précieuſe à la nature humaine. Le Chocolat mangé le matin, ſec & à jeun, a auſſi l'avantage de ſoutenir beaucoup les voyageurs; & il eſt pour eux d'une grande reſſource, s'ils viennent à manquer de vivres; c'eſt ce que nombre de marins ſur-tout ont éprouvé dans des voyages de long-cours.

Le Chocolat ayant comme on le ſçait, pour baſe l'amande du Cacao, c'eſt ce fruit oléagineux, qui le rend propre à devenir un aliment, plus capable que tout autre de prolonger les jours des vieillards, en donnant à leurs fibres deſſéchées & preſque racornies, cette ductilité & cette ſoupleſſe, ſi néceſſaires pour l'entretien de la ſanté & de la vie. C'eſt eſſentiellement du Cacao que le Chocolat tient la qualité de nourrir, de corriger l'acrimonie des humeurs & généralement toutes les autres vertus qui en dérivent. Nombre de ſavants Médecins reconnoiſſent dans le Cacao & dans le Chocolat, de grandes propriétés, & leur ſentiment eſt confirmé par la longue expérience de beaucoup de Peuples. Le célèbre Hoffman, Médecin d'une ſi haute réputation, dit être assuré par l'expérience, que le Cacao contient une espece d'huile fort amie du genre nerveux & que le bon Chocolat pris à propos & préparé à l'eau, peut en conséquence soulager beaucoup & guérir les maladies des mélancholiques occasionnées par le relâchement & l'affoiblissement des nerfs. Nous avons vu combien en effet, son huile fine éthérée est un prompt & puissant analeptique & un baume vraiement antispasmodique, dans les cas où il faut donner du ton & de la force au genre nerveux. Il est sûr d'ailleurs que le Chocolat préparé avec soin & avec du bon Cacao, est très-propre contre les maladies des nerfs; sur-tout chez les personnes délicates, dont la fibre fine est trop élastique & trop vibratile, telle que nous la voyons chez les dames dont la plûpart sont souvent affligées de ces maladies, que l'on nomme *vapeurs*; & dont les accès sont quelquefois si fortes, qu'ils dégénerent en convulsions. Les parties onctueuses du Chocolat le rendent aussi très-propres à remédier aux impressions des poisons corrosifs; soit pour en amortir l'action, sur les entrailles de ceux qui en auroit pris, & dans le temps qu'ils y agiroient encore, ſoit pour remédier aux fâcheuſes impreſſions qu'ils auroient faites, principalement ſur les membranes délicates des viſceres du bas-ventre, qui éprouvent les premieres, l'action des particules corroſives.

Pour parler avec plus de certitude & donner du poids à ce que l'on peut dire des propriétés bien-faiſantes du Cacao & du Chocolat, & pour ne point exagérer leurs vertus; voyons ce qu'en diſent les perſonnes de probité, qui ont habité long-temps parmi les peuples de l'Amérique. Perſonne n'a été plus à portée d'apprécier les qualités du Chocolat à leur juſte valeur & d'en bien conſtater les effets, que le Pere Labat Dominicain & M. de Caylus. Ils ont l'un & l'autre réſidés long-temps dans ce nouveau monde & y ont vu avec des yeux vraiment philoſophes, ce qu'il y a de plus intéreſſant. Le Pere Labat nous aſſure d'après des expériences ſans nombre, qu'il a eu ſous les yeux pendant nombre d'années, » Que » le Chocolat eſt un aliment d'un uſage » journalier chez les Américains; qu'il » eſt des plus nourriſſants, d'une très-» facile digeſtion, ſans exciter dans le

» ſang un mouvement plus violent qu'à
» l'ordinaire ; qu'il n'y a rien de plus
» propre à l'adoucir ; qu'il peut ſuffire
» ſeul à la nourriture des perſonnes
» de quelque âge qu'elles ſoient ; que
» les habitants de Saint Domingue,
» qui cultivent le Cacao, ne nourriſ-
» ſent leurs enfants d'autre choſe. Ils
» leur donnent le matin du Chocolat
» avec du Maïs, ſans qu'il ſoit be-
» ſoin d'autre nourriture le reſte de
» la journée ; que la bonté de cet ali-
» ment ſe reconnoit par l'embonpoint,
» la vigueur & la force de ces enfants.
» Il regarde le Cacao comme le remede
» le plus ſpécifique contre la Phtiſie ;
» j'étois, dit-il, d'une maigreur af-
» freuſe depuis nombre d'années, on
» aſſuroit que j'étois étique dans toutes
» les formes & que j'avois peu de temps
» à vivre.... A meſure que je fis uſage
» du Chocolat en Amérique, j'engraiſ-
» ſai à vu d'œil & quoique je travail-
» laſſe beaucoup, je commençai à jouir
» d'une ſanté que je n'avois jamais
» goûté auparavant. « Ce Religieux a
auſſi remarqué » que le Chocolat eſt
» apéritif ; qu'il tient le ventre libre,
» qu'il favoriſe la tranſpiration, qu'il
» épure les eſprits d'une maniere dou-

» ce & mieux que le caffé, qui occa-
» ſionne un mouvement violent & une
» grande agitation dans le ſang. » Il cite encore d'autres exemples du bon effet du Chocolat & il ajoute : *j'en pourrois rapporter à centaines* (*a*).

Le témoignage de M. de Caylus n'eſt pas moins favorable à ce genre d'aliment. Il dit dans ſon Hiſtoire Naturelle du Cacao (*b*) » Que c'eſt une
» ſubſtance fort tempérée ; qu'il four-
» nit un aliment doux, incapable de
» nuire ; mais qu'il ne faut pas l'aſſocier
» avec des aromates âcres & chauds ;
» que cette ſubſtance eſt des plus nour-
» riſſantes, fort propre à réparer les
» eſprits diſſipés & les forces épuiſées,
» à conſerver la ſanté & à prolonger
» la vie. (Il rapporte à ce ſujet :) que
» l'on a vu en Amérique, du temps
» qu'il y étoit, un Conſeiller âgé de
» près de cent ans, qui depuis trente
» ans, ne vivoit preſque que de Cho-
» colat, & qui étoit ſi vigoureux &
» ſi diſpôt, qu'à quatrevingt-cinq ans
» il montoit encore à cheval ſans étriers.
M. de Caylus obſerve à l'égard du Cho-

(*a*) Vol. 6. de ſes Voyages de l'Amérique. page 423, &c.

(*b*) Page 68 & ſuivantes.

colat, » que l'usage général que l'on » fait d'un aliment parmi un grand » peuple, de temps immémorial & » dont on s'est toujours bien trouvé » pour la santé, est un éloge complet » des bonnes qualités de cet aliment; » que s'il eût eu quelque mauvaise » qualité prédominante, elle auroit » sûrement été apperçue & les peuples » s'en seroient servis comme d'une » chose nuisible; que les habitants de » la nouvelle Espagne & d'une bonne » partie de la Zone torride de l'Amé- » rique, ont toujours fait leurs délices » de cette nourriture tirée du Cacao. » Toutes les Colonies Européennes, » qui habitent ces contrées, en usent » également comme d'une nourriture » journaliere, sans distinction d'âge, » de tempérament, de sexe, ni de » condition, sans que pas un se soit » jamais plaint d'en avoir reçu la moin- » dre incommodité. Ils éprouvent au » contraire, qu'il étanche la soif, » qu'il rafraîchit, qu'il engraisse, qu'il » procure un sommeil tranquille. Nom- » bre de personnes en ont pris trois fois » par jour pour toute nourriture, pen- » dant un long laps de temps, & ont joui » de la plus parfaite santé, elles n'en de-

» venoient même que plus fraîches & » plus robuſtes. On en a donné avec » ſuccès en guiſe de lait à des enfants » qui ſont très-bien venus.

» Le Cacao eſt très nourriſſant, ajou- » te M. de Caylus, les faits rappor- » tés ci-deſſus en ſont une preuve ; » l'eſtomach digere cet aliment avec » grande facilité ; le chile qu'il produit » eſt très-bon, cela eſt prouvé par l'é- » tat d'embonpoint où il met ceux qui » en uſent habituellement dans le pays. » Il doit être auſſi d'une facile digeſ- » tion : c'eſt une ſubſtance amere : tous » les amers ſont ſtomachiques, auſſi » la digeſtion s'en fait avec grande fa- » cilité, ſans trouble, ſans travail, » ſans que le pouls s'éleve ſenſible- » ment ; l'eſtomac bien loin d'uſer » ſes forces en digérant cette nourri- » ture, en acquiert de nouvelles : » nous voyons des perſonnes, dont les » eſtomacs étoient très-foibles & rui- » nés, qui ſe ſont parfaitement réta- » blies, par le fréquent uſage du Cho- » colat ; il répare promptement les » eſprits & les forces épuiſées, & » cela, non ſeulement par ce qu'il » a de commun avec les aliments de » bon ſuc ; mais parce qu'il contient

» un principe huileux, fin, volatil. » Different de la ſubſtance oléagino-butireuſe & fixe qui conſtitue la matiere douce & tranquille de cet aliment; on a vu par l'examen analytique que nous avons fait du Cacao, qu'il contient effectivement un principe huileux fin, volatil, pénétrant, d'un aromate doux & agréable, que la moindre chaleur développe & éleve du Cacao exposé à l'analyſe. C'eſt en vertu de ce principe que le Chocolat reſtaure ſi promptement, comme l'obſerve M. de Caylus, au point, dit-il, que ſi » une perſonne » fatiguée d'un long & pénible tra» vail du corps, ou d'une violente con» tenſion d'eſprit, prend une bonne » taſſe de Chocolat, elle s'apperçoit » preſque ſur le champ que l'épuiſe» ment ceſſe, que les forces revien» nent & ſe raniment, lorſqu'à-peine » la digeſtion eſt commencée ». C'eſt en effet ce que l'expérience confirme tous les jours. Le Cacao eſt auſſi enrichi d'un eſprit fort pénétrant, que le feu le plus violent ne peut altérer: c'eſt un fait que M. Ray à conſtaté par ſon analyſe du Cacao; c'eſt auſſi ce que nous avons vérifié par notre propre examen; tandis que toutes les autres ſubſtances, ſoit végétales, ſoit animales, ſoumiſes à la même épreuve, fourniſſent, comme on le ſçait, des eſprits fétides, âcres, fort déſagréables à l'odorat & au goût. Ce n'eſt pas que ces principes y ſoient tels dans l'état naturel des choſes; mais ils y ont une diſpoſition prochaine à le devenir, ſoit par une chaleur forte & continue, ſoit par des mouvements ou trop grands ou long-temps continués; ſoit enfin par un repos, ou par des lenteurs que ces ſubſtances ſeroient obligées d'éprouver dans les corps animés. Au lieu que les principes du Cacao, ſont dans l'impoſſibilité de dégénérer de leurs bonnes & ſaines qualités, à telle épreuve que l'on puiſſe mettre cette amande, ainſi que nous l'avons prouvé.

Quoique les principes actifs du Cacao ne ſoient pas dans ce fruit préciſément auſſi volatils, qu'ils ſe trouvent dans les vaiſſeaux chymiques; on ne peut néanmoins révoquer en doute qu'ils y exiſtent, & cela ſuffit pour juger, que lorſqu'ils ſeront un peu développés, par la légere torréfaction qu'on donne à cette amande, pour en faire du Chocolat; ils peuvent opérer en nous ce bon effet cordial & ſtomachique

ſtomachique, que l'on éprouve après avoir fait uſage de cette nourriture; effet qu'il eſt aiſé de concevoir, en conſidérant ſon action ſur les *plexus* nerveux-ſtomachiques, dont la communication, particulierement avec la paire vague & l'intercoſtale, tranſmet au cerveau & dans toute l'habitude du corps, cette énergie tonique, qui ranime en un inſtant toutes les forces vitales. La partie douce & vraiment alimentaire du Chocolat, paſſe enſuite dans le commerce des liqueurs, par la route des veines lactées. Là les mouvements ſyſtaltiques des ſolides, aſſimilent ce chile balzamique au ſang, ſans qu'il ſoit beſoin de grands efforts; ce qui eſt fort avantageux & à la décharge de la nature, dont on ne peut trop ménager les forces. Car tout ce qui augmente l'activité de ſes reſſorts, tend inévitablement à leur deſtruction. Vérité qui a donné lieu à ce bel axiome établi & ſoutenu dans les Écoles de Paris, *Cauſa vitæ cauſa mortis*.

On dira peut-être que ces éloges magnifiques du Cacao & du Chocolat leur ſont en effet bien dus & bien mérités, par les bons effets qu'ils procurent conſtamment en Amérique; qu'on peut d'autant moins les leur refuser, qu'ils sont fondés sur des faits que l'on ne peut nier, puisque des Peuples nombreux déposent en faveur de cette nourriture; mais qu'il s'en faut de beaucoup, que le Chocolat opere le même bien en France, en Europe; qu'au contraire il y a un grand nombre de personnes, que le Chocolat incommode, même considérablement, & ce fait est certain; car nous en voyons beaucoup qui ne peuvent le digérer: les uns en ressentent beaucoup de pesanteur sur l'estomac; chez d'autres il procure le dévoiement peu de temps après l'avoir pris, comme par une suite de précipitation rapide du Chocolat, même vers les gros intestins; d'autres en ressentent des dégoûts fastidieux, qui leur donnent de la répugnance pour cet aliment, d'autres enfin sont tourmentés de borborigmes ou de flatuosités fatiguantes. Les parties grasses & sébacées du Chocolat fait en Europe, peuvent aussi engorger les embouchures des veines lactées & même obstruer les glandes du mésentere; surtout chez de certains mélancoliques, dont les premieres voies sont remplies de levains aigres & acides, qui fixent &

épaiſſiſſent encore davantage ces parties graſſes : car on ſçait que les ſucs acides, lorſqu'ils ſont ſurabondans, ont une telle action ſur les ſubſtances huileuſes, qu'ils y réduiſent ſouvent l'huile d'amandes douces, en des globes verts fort durs, qui en ont quelquefois impoſés, parce qu'on les prenoit pour des concrétions de bile érugineuſe. Il eſt aiſé de juger, d'après la connoiſſance de ces mauvais effets du Chocolat, chez de certaines perſones, que c'eſt avec quelque fondement, qu'on l'a conſidéré comme très-froid ; ce qui ne ſignifie autre choſe dans ces circonſtances, qu'une ſubſtance peſante ſur l'eſtomac, de digeſtion difficile & pénible à ſupporter. Ce n'eſt cependant pas qu'en général, il ne s'y trouve nombre de perſonnes, qui ayant un bon eſtomac, digérent le Chocolat Européen & qui s'en trouvent très-bien. Mais nous enviſageons ſpécialement ici, celles qui par un fond de délicateſſe des organes digeſtifs, ou par toute autre cauſe, ſont réellement fort incommodées de cette nourriture.

Avec un peu d'attention on reconnoîtra facilement la cauſe de cette différence, du bon effet que produit toujours l'usage du Chocolat dans tous les habitans de l'Amérique, & des nuisibles inconvéniens dont il est souvent accompagné en France. Pour bien juger de cette diversité d'effets du Chocolat Américain & de ceux de l'Européen, il faut se rappeller, que le Chocolat dont se nourrissent les Américains, est fait avec un Cacao récent, qui contient une substance huileuse très-fine. On sçait qu'en Amérique on tire par l'expression du Cacao récent, une espece de beurre fluide, d'une grande douceur, que l'on emploie quelquefois dans les aliments au lieu d'autre beurre, comme nous l'avons déja remarqué. La ténuité des principes huileux de ces amandes dans le lieu de leur naissance y est telle, que le Chocolat dont elles font la base, forme une nourriture légere, qui exige d'autant moins de travail, de la part des voies digestives, que la partie grasse y est comme sous une forme savoneuse, par son union & son intime combinaison, avec les parties salines douces dont ce fruit est impregné. On sçait aussi qu'en général, plus les fruits gras sont nouveaux, moins ils donnent d'huile; quelques-uns même n'en fournissent point du tout ; tels que les noix fraîches, &c. non pas qu'ils n'en contiennent beaucoup, mais parce qu'elle est trop intimement unie aux autres principes & forme avec eux plutôt une substance savoneuse, qu'un corps gras. Il en est à-peu-près de même du Cacao nouvellement recueilli, avec lequel on fait le Chocolat en Amérique. Car quoique les parties huileuses du Cacao ayent déja été un peu développées par la premiere préparation qu'on lui fait éprouver, en le faisant comme fermenter (*a*), ainsi que par la légere torréfaction, à laquelle on l'expose, avant d'en faire le Chocolat ; néanmoins la partie butireuse y est toujours tellement atténuée, par les autres principes auxquels elle est unie, que le Chocolat qui en résulte, formant une substance comme savoneuse, est fort aisé à digérer & exige peu de travail, pour être réduite sous une forme chileuse. Le seul mouvement doux péristaltique des visceres des premieres voies suffira pour donner aux sucs oléagino-savoneux de cet aliment, une forme émulsionée & l'abord des liqueurs gastriques, hépatiques & pan-

(*a*) Ce que l'on appelle dans le Pays *ressuyer*.

créatiques, achevera d'en former un chyle homogêne d'une grande finesse, miscible avec les aqueux. Sous cette forme atténuée, la très-grande partie de la substance du Chocolat pénétrera le duvet de la tunique veloutée du canal intestinal & s'insinuera avec facilité dans les veines lactées qui se trouvent sur sa route. Cette nourriture balzamique parcourant les premieres voies, les lubréfiera, donnera de la souplesse aux tuniques de l'estomac & des intestins, elle en fera tomber les spasmes & les irritations; ensorte que les bouches lactées s'ouvriront, pour la recevoir avec une espece d'avidité.

Cette liqueur chyleuse s'unit ensuite sans aucun trouble, avec la limphe de retour des glandes primitives & séconddaires du mésentere; elle suit de-là sa course dans le même ordre, en traversant le réservoir de Pequet & le canal thorachique, pour se dégorger dans la veine souclaviere gauche. Là sous la forme d'un chile riche de sa propre substance, doué de la plus grande douceur, parce qu'il est dépourvu de toutes parties âcres & irritantes, il commence à se mêler avec le sang & est conduit de-là au cœur, dans les poumons & dans tout le systême artériel. Dans ces trajets, notre liqueur douce, chileuse, oléagineuse & balzamique, s'assimile au sang avec la plus grande facilité & devient sang elle-même, sans que la nature soit obligée de faire aucun travail forcé, pour s'approprier une substance qui lui est si amie & qui a tant d'analogie avec ce liquide primitif artériel : comme le contraire arrive, lorsque toute l'économie animale est obligée de redoubler son travail & ses effets sur un chyle qui n'est, sur-tout après des repas splendides, qu'un mêlange informe de toutes sortes de substances âcres, salines, épicées, empyreumatiques ; les unes provenant de viandes à demi brûlées pour en faire des jus, des coulis ; les autres chargées de parties vineuses, liquoreuses, contenues dans les boissons destinées pour les délices de la table, dont la plûpart & les plus flatteuses au goût, sont faites avec de l'esprit de vin, aromatisé de tout ce qu'il y a de plus incendiaire.

Est-il étonnant après celà, que ceux qui font de pareils & de surabondans repas, éprouvent dans le temps du mêlange d'un tel chyle avec le sang, de si violens battemens du cœur & des artères, que rien ne ressemble plus à une fiévre ardente ; & qu'en effet, si ce travail duroit long-temps, il seroit capable de troubler toutes les fonctions de la nature humaine ; encore faut-il qu'elle fasse de vigoureux efforts pour subjuguer un pareil chyle. Mais enfin si ce violent travail se réitere tous les jours, comme cela arrive chez nombre de personnes, il n'est gueres possible que les ressorts ne s'affoiblissent & qu'il n'en résulte de très-grands inconvéniens pour la santé : aussi combien voyons-nous de ces personnes, tomber dans des infirmités habituelles à la force de l'âge & mener une vie languissante, dont la carriere se termine souvent au terme, où elles devroient jouir de la plus florissante jeunesse. C'est bien le cas de dire avec le SAGE : *In multis escis erit infirmitas.... qui autem abstinens est adjiciet vitam* (*a*). Quelle différence donc entre le mélange d'un chyle hétérogène de cette nature dans le sang & celui qui est formé par les substances oléagineuses émulsionées du fruit du Cacao. Il ne faut point être Médecin pour juger du

(*a*) Ecclesiast. c. 37. v. 33. & 34.

bien que doit produire l'un & du mal que peut occasioner l'autre. Nous avons vu les utilités de l'usage du Chocolat en Amérique & ce qui y étoit la cause de ses bons effets : examinons actuellement, pourquoi cette préparation alimentaire, ne jouit pas généralement en France & en Europe des mêmes avantages & y est au contraire sujette à plusieurs inconvéniens.

Lorsque le Cacao est transporté en Europe, ou qu'il est fort ancien, sa substance grasse balzamique est bien changée de nature : à la vérité elle n'est que peu ou point altérée dans sa qualité essentielle, car elle conserve toujours sa grande douceur; mais elle a acquis tant de consistance, qu'elle est devenue dure & cassante comme le suif de bouc le plus sec, elle approche même de la fermeté de la cire. C'est dans cette dureté & cette compacité de la partie butireuse du Cacao transporté en Europe, que nous trouverons la raison des mauvais effets du Chocolat chez les personnes qui en sont incommodées. Il est en effet fort aisé de comprendre qu'une substance grasse, dure comme du suif, doit faire éprouver à l'estomac & aux autres visceres de la digeſtion, s'ils ne ſont forts & vigoureux, un travail pénible, laborieux, pour en former un chyle homogêne dans toutes ſes parties; encore après cette opération fatiguante & l'admiſſion des ſucs ſavoneux hépatiques, y reſtera-t-il beaucoup de parties de ſuif, qui n'auront pu être réduites ſous une forme ſoluble dans les aqueux & qui ſeront par-là hors d'état, d'être pompées, par les ſuçoirs ou embouchures des veines lactées. On ſçait combien les perſonnes, qui mangent beaucoup de graiſſe dans les alimens, en ſont ſouvent incommodées. Ainſi d'une part, le travail redoublé de l'eſtomac, ſur les parties graſſes & compactes que contient le Chocolat, d'une autre le grand nombre de molécules butireuſes qui échapperont à l'action péristaltique des premieres voies, ainſi qu'à la pénétrabilité des ſucs digeſtifs, ne peuvent manquer de cauſer, à nombre de perſonnes délicates, les accidents dont nous avons parlé. Ajoutez à cela l'uſage où l'on eſt de manger du pain grillé & trempé enſuite dans cette graiſſe ſuiffée du Chocolat; cela ne peut certainement qu'augmenter beaucoup le travail de la digeſtion:

car on ſçait que le pain imbibé d'une graiſſe quelconque, a beaucoup de peine à ſe digérer ; à plus forte raiſon, s'il eſt pénétré de ſubſtance ſuifſée. Si l'on prépare le Chocolat avec du lait pur, comme cela arrive ſouvent, quelquefois même avec de la crême, le travail en ſera encore plus pénible à la nature. Eſt-il étonnant après cela que des perſonnes d'un tempérament foible, ſe plaignent de fatigue, de peſanteur, de mal-aiſe, pendant la digeſtion du Chocolat, ainſi que d'une ſorte de dévoiement qui lui ſuccede ſouvent. Voilà donc une nourriture admirable de ſa nature, dont on ne tire pas généralement tout le bien qu'elle ſeroit capable de procurer, ſans ces inconvénients. On ſçait cependant que malgré cela, il y a beaucoup de perſonnes qui ſe trouvent très-bien de cet aliment médicamenteux. L'art de guérir l'emploie en effet comme tel & avec ſuccès, dans une infinité de circonſtances. Il eſt néanmoins certain, que la compacité des matieres graſſes du Cacao, fera toujours perdre au Chocolat Européen, une partie de ſes bons effets ; ſoit qu'on le prenne comme aliment, ſoit comme remede.

Cette peine que nombre d'estomacs délicats ont eu de digérer le Chocolat, a porté à croire que le Cacao étoit une substance froide, & à y ajouter beaucoup d'aromates qui n'ont eu d'autre effet que d'échauffer, sans remédier au vice principal, qui rend le Chocolat d'une digestion si difficile pour beaucoup de monde ; défaut qui ne vient dans le vrai, que de la grande quantité de parties oléagineuses mal atténuées, dont cet aliment est rempli, & de ce qu'elles y sont d'une consistance compacte & trop ferme. Les mauvais effets de ce Chocolat préparé en Europe, ont subsisté longtemps avant que l'on y fît attention; la cause en étoit cependant plausible & frappante, & les moyens d'y remédier simples, faciles & innocents : il suffisoit d'y réfléchir plutôt qu'on ne l'a fait. On eut reconnu au moindre examen, que pour donner à notre Chocolat Européen, la qualité de celui que l'on prend en Amérique, & pour que les avantages soient égaux, il falloit rendre aux parties oléagineuses de cette nourriture, qui ont acquis la dureté du suif ou de la cire, le même degré de ténuité, de finesse & de solubilité qu'elles ont dans les lieux de leur origine & lorsque les amandes de Cacao sont encore récentes ; c'est ce que l'on fait actuellement avec succès. On a prévu qu'en donnant aux parties sébacées du Cacao, la divisibilité de tous les corps gras rendus savoneux & miscibles avec les aqueux, le Chocolat qui en résulteroit auroit le mérite & les avantages de celui dont on fait usage en Amérique.

Nous avons vu par l'examen analytique du Cacao, combien cette amande est riche en sels savoneux, atténuants, amers & en huile fine éthérée. Ces principes si capables d'opérer de bons effets, quand ils sont engagés légerement dans les parties oléagineuses de ce fruit, ne peuvent produire le même bien, lorsque ces mêmes parties onctueuses devenues trop compactes, les retiennent comme dans des entraves. Ainsi pour faire rentrer ces principes atténuants dans tous leurs droits, il n'étoit question que de désunir pour ainsi-dire, la cohésion des parties suiffées, en les mettant elles-même sous une forme savoneuse soluble, qui les rendît exactement miscibles dans les aqueux. C'est exactement ce que font présentement, au moins quelques-uns de nos Fabriquants de Chocolat (*a*).

Cette substance alimentaire ainsi préparée, forme un Chocolat vraiment homogêne, puisque la préparation qu'on lui donne, établit une union parfaite entre tous ses principes. En effet, cet aliment rendu savoneux, se fond facilement dans l'eau bouillante; toutes ses parties s'y mêlent intimement par l'agitation; de maniere que les parties grasses & butireuses qui y entrent en si grande quantité n'y sont plus visibles, même en refroidissant; au lieu

(*a*) On demandera peut-être quelle est la maniere d'atténuer si parfaitement la partie grasse du Chocolat? Ce sont des moyens connus des Fabriquants, & qui consistent particulierement dans le choix qu'ils font de l'amande de ce fruit, ainsi que dans le travail auquel ils la soumetent. Chacun d'eux peut avoir sa méthode : on sçait qu'il y en a quelques-uns dans Paris & ailleurs, qui préparent très-bien le Chocolat & qui le font d'une bonne qualité. C'est au Public & surtout aux Maîtres dans l'Art de guérir, à juger & à faire choix de celui qui sera le meilleur & le plus propre à la santé. Nous nous sommes chargés uniquement de faire connoitre les conditions que doit avoir le Chocolat, pour être vraiment bon à tous égards.

que le Chocolat préparé à la maniere ancienne, étant fondu dans l'eau bouillante, a ses parties grasses sébacées si peu mêlées avec l'eau, que si on laisse refroidir cette solution, la partie butireuse contenue dans ce liquide aqueux, vient gagner la superficie en une très-grande quantité, s'y fige & s'y durcit ensuite. L'expérience a mille & mille fois confirmé ce fait. C'est cette substance suiffée, dure, compacte & mal atténuée, qui rendra toujours notre Chocolat Européen, d'une digestion pénible, laborieuse, fatiguante, & par-là peu profitant aux tempéraments foibles & délicats. Les personnes même d'une bonne constitution, n'en tirent pas tout le bien possible, par les raisons que nous avons examinées & développées de la maniere la plus claire qu'il nous a été possible.

Le Chocolat au contraire, qui est préparé de façon à en rendre toute la substance grasse bien divisée & parfaitement miscible dans les aqueux, réunira toutes les qualités innées dans la substance nourriciere de l'amande du Cacao. C'est avec ces conditions qu'on aura en effet un Chocolat très-sain. Préparé de cette maniere il n'a plus besoin de tous ces aromates incendiaires que les Espagnols & d'autres Peuples y font entrer. Car de leur aveu, ces ingrédiens échauffants n'y sont ajoutés, que pour y corriger une prétendue qualité froide qu'on y a supposée.

On est actuellement en état de juger, par les recherches que nous avons communiquées, si le Cacao, dont on a atténué, divisé & rendue soluble la partie butireuse-suiffée, doit être froid. On se rappellera facilement que cette amande est douée de parties fines aromatiques & éthérées, salines-savoneuses & ameres, liées & incorporées à beaucoup de molécules oléagineuses de la plus grande douceur. Ainsi une telle combinaison ne peut être froide, si on détruit seulement la compacité de la substance grasse, & si l'on donne aux principes actifs un développement convenable. On aura au contraire dans cette préparation, un aliment tempéré, STOMACHIQUE & PECTORAL, sans que l'une de ces vertus nuise à l'autre, comme cela se rencontre dans quelques remedes, quoique très-bons de leur nature. Il ne faut pour se convaincre de l'existence de ces deux qualités essentielles dans le Chocolat, rendu bien homogêne, que jetter les yeux sur ce que nous venons de dire de ce mixte végétal, qui a pour base un fruit, où la Nature paroit avoir pris à tâche, de réunir & de combiner avec l'art qui lui est propre, tous les principes les mieux faisants, en faveur de l'homme.

Le Chocolat étant donc rendu parfaitement soluble dans l'eau bouillante, par la miscibilité de ses sucs butireux, avec la partie extractive amere & les sels savoneux; l'estomac & les autres organes digestifs, auront sur cet aliment une supériorité, qui en fera bientôt une nourriture des plus salutaires. Les liqueurs digestives le pénétreront avec la plus grande facilité & en feront, comme nous l'avons dit, une émulsion chyleuse fine, qui s'insinuera comme d'elle-même à travers les filtres du canal intestinal, pour être portée de là dans le sang, par les routes que l'on connoit. Cet aliment balzamique ami de nos organes, laissera sur les fibres & les tuniques des premieres voies, une impression de ductilité, de souplesse & de vibratilité, tellement proportionées, que leur ton en sera soutenu d'une maniere analogue aux vues de la nature; d'où il résultera une abondante sécrétion des sucs digestifs, qui n'ayant alors que peu de travail à faire sur la substance nourriciere du Chocolat, pour en former un suc chyleux, toute leur action sera employée à rendre l'homogénéité de cet aliment encore plus intime & plus parfaite, & à donner à cette émulsion alimentaire, plus de disposition & d'aptitude, pour se mêler & s'assimiler dans l'océan de la circulation, aux sucs sanguins & limphatiques, qui doivent entretenir & réparer les forces de toute l'économie animale. En circulant ainsi dans le systême des vaisseaux, elle conservera la souplesse aux fibres élastiques des tuniques, qui forment les canaux de tous genres, dont le mouvement systaltique perpétuel tend aussi continuellement au dessechement de ces mêmes fibres.

Il est aisé de prévoir les bons effets, que doit opérer un pareil chyle, & comme suc nourricier & comme remede. Par sa premiere qualité, il réparera abondamment & facilement les pertes journalieres, tant des solides, que des fluides. Il est même de nature à empêcher un trop grand déchet de la substance des solides, en leur donnant une sorte de ductilité, par les parties onctueuſes fines, dont il abonde. Ainſi les perſonnes, d'un tempérament ſec, celles qui ont la fibre trop élaſtique & particulierement les vieillards, ne peuvent manquer de ſe trouver très-bien de l'uſage d'un pareil aliment; car chez eux les fibres muſculeuſes, les tendons, les ligaments, les vaiſſeaux, la peau, enfin tous les ſolides ſe deſſechent. Toute notre vie n'eſt en effet qu'une tendance au deſſéchement. *Vivere enim, noſtrum ſiccesſere eſt* (*a*). Dans la vieilleſſe les vaiſſeaux même, tendent à s'effacer; leurs parois ſe rapprochent & n'admettent plus de circulation dans une grande quantité de capillaires. Or rien n'eſt plus propre à s'oppoſer & à éloigner cet état deſtructeur, que la grande ductilité des parties onctueuſes du Cacao, réduites en Chocolat homogêne. Outre ces avantages de la partie du Chocolat, conſidérée comme onctueuſe, il en acquiert un autre qui n'eſt pas moins précieuſe pour les vieillards. Car lorſqu'il eſt ainſi ſous une forme totalement ſoluble dans les aqueux, il en réſulte alors une ſorte de ſubſtance gélatino-muqueuſe, qui favoriſe beau-

(*a*) Baglivi. p. 414.

coup la nutrition & qui en devient même la matiere, en donnant une grande douceur à la limphe & en lui fournissant ce *gluten* bienfaisant qui lui est indispensablement nécessaire, pour s'adapter aux solides & pour en réparer les pertes. C'est ce que M. le Docteur Lorry a parfaitement démontré dans son excellent *Essai sur les Aliments.*

C'est donc avec bien plus de raison, que l'on devroit donner au Chocolat, l'épithete de lait des vieillards, que non pas au vin, comme on a coutume de le faire; puisque l'usage immodéré de celui-ci, accélere surement ce desséchement des solides, qui ralentit par degré le jeu des visceres & les conduit à la cassation totale de leurs fonctions. Le Chocolat n'a pas seulement l'avantage d'entretenir la souplesse des solides, il est aussi un puissant correctif contre toutes ces especes de salures & d'âcretés, qui se rencontrent communément dans le sang des vieillards. On sçait combien il a en eux de pente à devenir âcre & dissout, sans adhésion, ni consistance dans ses principes. Le Cacao contient dans sa partie extractive une propriété légerement tonique & stiptique, qui se manifeste même par la saveur de cette amande, comme nous l'avons observé, & c'est cette qualité qui est très-propre à donner aux principes du sang, cette union & cette cohésion, capable d'empêcher les fontes colliquatives & pituiteuses, qui incommodent si fort & si fréquemment les vieillards, ainsi que beaucoup de personnes d'un moyen âge, mais d'un tempérament flegmatique.

CHAPITRE II.

Usage du Chocolat dans les maladies Chroniques.

C'Est en vertu de ces qualités réunies d'oléagineuses - balzamiques & de toniques, que le Chocolat devient également salutaire, aux personnes qui sont attaquées du scorbut, ou qui y ont des dispositions; car on sçait que cette maladie si redoutable, n'est autre chose qu'une dépravation du sang & des sucs nourriciers qui en dérivent, dont l'altération cacochime pervertit toutes les fonctions animales & jette les personnes qui en sont attaquées, dans des langueurs funestes. La legere amertume du Cacao, qui lui est communiquée par les sels amers-bitumineux qu'il contient, dont nous avons fait l'examen, n'est pas moins utile à ces malades, par la force digestive qu'elle donne à leurs organes. Elle tient en effet les premieres voies, comme attentives à leurs fonctions, & devient en pareil cas, un excellent antiseptique pour toutes les liqueurs humaines, dans une maladie qui en a plus besoin que toute autre; puisque le propre du vice scorbutique, est de leur donner une tendance à la corruption. La faculté douce & onctueuse du Chocolat en fait un très bon remede contre les âcretés & les fontes pituiteuses catharrales, qui irritent la gorge ainsi que les parties supérieures de la trachée artere, & qui excitent des toux violentes. Il faut en pareil cas laisser fondre doucement dans la gorge & de temps en temps, un peu de tablettes de Chocolat. Ce remede est certainement, dans de telles circonstances, supérieur à toutes les tablettes de guimauve & pour le moins aussi gracieux au goût.

Si l'on considere l'abondance & la grande douceur des sucs onctueux balzamiques & gélatineux, qui se trouvent comme concentrés dans le Chocolat bien fait, rendu homogêne dans toutes ses parties & soluble dans l'eau chaude, on en concluera que c'est un aliment des plus convenables, pour les personnes attaquées de ce pernicieux desséchement, qui conduit à cette Phtisie brûlante & mortelle, que l'on nomme consomption. En effet la propriété onctueuse, tempérante & inaltérable de cette nourriture, prise habituellement & plusieurs fois par jour, tiendroit lieu à ces malades du meilleur remede que l'on puisse leur procurer; surtout si l'on y joint l'usage des végétaux farineux, des nitro-aqueux, tels que les laitues, les épinards, les chicoracées, les borraginées, les concombres & les autres plantes de la même classe; ainsi que les fruits d'un bon choix. On peut même présumer avec fondement, qu'il y a beaucoup de maladies, que l'on regarde comme incurables, dont on guériroit parfaitement, surtout de ces fievres hectiques, consomptives, scorbutiques, goutteuses, rhumatismales & autres de cette nature, si les malades avoient la constance de se soumettre à un pareil régime, dirigé avec ordre, par un Médecin prudent & éclairé.

On peut également tirer de grands avantages du Chocolat, contre la Phtisie pulmonaire, ou contre toute autre, qui seroit occasionnée par la présence d'un amas purulent dans quelque viscere. La grande quantité de sucs oléagineux, muqueux que le Chocolat fournit au sang, ne peut en effet manquer de corriger l'âcreté purulente dont il seroit impregné, au moins autant que cette humeur septique en est susceptible. On ne connoit aucun remede, plus propre que celui-là à envelopper & à émousser les âcres quelconques, à en réprimer les impressions mal-faisantes & destructives, & à empêcher l'action irritante, que les sucs dégénérés du sang ont coutume de faire dans de telles maladies. On sçait, comme nous l'avons vu, que la partie oléagineuse du Cacao est d'une douceur inaltérable & que cette substance ne peut jamais contracter la mauvaise qualité rance, & fétide, dont toutes les autres graisses sont si susceptibles, & cela à telle épreuve que celle

celle du Cacao puiſſe être ſoumiſe de la part des ſolides & des fluides du corps humain. La partie extractive de cette amande eſt également incorruptible, ainſi que les ſels eſſentiels doux qu'elle contient. On n'a même rien à redouter de ce dernier principe ſalin; puiſque nous avons vu par l'analyſe, qu'il eſt toujours tellement enveloppé de parties onctueuſes douces & balzamiques, qu'il faut un liquide ſpiritueux, ou au moins à demi-ſpiritueux pour le diſſoudre, & que d'ailleurs la légere torréfaction, que l'on fait ſubir au Cacao, pour en faire le Chocolat, laiſſe toujours ce ſel fortement engagé dans la partie butireuſe, de maniere qu'il ne peut agir que comme un léger atténuant, capable de contribuer ſeulement à la diviſion & à l'atténuation de la partie ſébacée du Cacao, ce qu'il opere en effet, lorſque cette amande a éprouvé une combuſtion & un travail convenable.

Pour nous rendre certains de plus en plus de la qualité incorruptible du Chocolat bien fait, ſurtout rendu ſoluble & homogêne, on en a fait fondre dans l'eau bouillante, en une proportion convenable, pour avoir un liquide d'une consistance de crême douce. Etant mis ensuite dans un verre conique, couvert seulement de papier, il s'est trouvé au bout d'un mois, n'avoir éprouvé aucune décomposition ; & quoiqu'il s'y soit formé à la superficie, une légere moisissure, il avoit conservé la même consistance, la même couleur. La partie butireuse y étoit restée intimement mêlée & incorporée dans la totalité du liquide ; l'odeur & la saveur du Cacao, s'y distinguoient parfaitement ; l'odeur en paroissoit même plus développée ; le goût en étoit un peu désagréable, à cause de la moisissure, mais sans aucune aigreur : car en ayant mis sur du cuivre rouge, le liquide s'y est desséché sans y laisser aucune trace de verdet. Il suit de cet examen, que le Chocolat ainsi préparé, passera sous cette forme gélatino-muqueuse & sans aucune altération, dans les veines lactées, quelqu'action qu'il puisse éprouver avant d'y arriver. L'incorruptibilité du Chocolat dans les premieres voies paroit encore, en ce que les résidus de cet aliment, ne contractent dans les gros intestins aucune odeur fétide, s'ils ne sont mêlés avec une trop grande quantité de ceux d'autres nourritures, qui feroient de leur nature, fufceptibles de corruption: ils y prennent auffi beaucoup de confiftance; ce qui prouve combien cet aliment fournit de chile & combien il donne de vigueur aux vifceres deftinés à la digeftion. Sorte de conftipation heureufe, qui ne vient que de la force des organes qui enlevent des aliments, tous les fucs nourriciers qu'ils peuvent contenir, & non d'une chaleur étrangere qui les deffeche. Ce feroit prendre le change, de dire en pareil cas, que l'on eft échauffé, parce que l'on eft refferré du ventre; on fçait que les injections d'eau chaude dans le *rectum*, font un moyen facile de remédier à un auffi petit inconvénient; qui eft d'ailleurs l'effet d'un très-grand bien. On a obfervé de plus que les déjections de ceux qui prennent habituellement du bon Chocolat, étoient toujours fort teintes de jaune; ce qui démontre que cette nourriture, donne beaucoup de fouplesse aux canaux fécréteurs de la bile, qu'il les déterge & qu'il favorife par-là, un dégorgement abondant de ce fuc amer-favoneux, dans le *duodenum*.

Voilà des avantages d'autant plus

précieux, du côté de l'incorruptibilité du Chocolat, qu'il est plus rare d'en rencontrer de tels dans la plûpart des alimens. Car on sçait que les meilleures nourritures souffrent plus ou moins d'altération dans les premieres voies, & même dans les secondes, selon leur nature, leur qualité & la disposition des organes qui les reçoivent. Or le Chocolat n'en peut éprouver aucune dans les premieres voies; nous venons de le voir. Il n'en éprouve pas davantage dans les secondes, qui ne soient au moins dans les vues & pour le bien de la nature : cela est fondé sur une preuve de fait. Car après que cette substance nourriciere a roulé dans le sang, pendant plusieurs heures, la partie séreuse & aqueuse qui s'en sépare par la voie des urines, conserve & exhale étant encore chaude, une légere odeur gracieuse & balzamique de Cacao. C'est ce que l'on a souvent remarqué, surtout lorsque cette partie aromatique du Cacao n'avoit point été noyée dans le sang, par d'autres nourritures & par d'autres boissons, ou lorsque l'on prend du Chocolat habituellement, même dépourvu de tout aromate, excepté de celui qui lui est inné. Toutes ces propriétés du Chocolat étant donc constatées & bien connues, doivent convaincre de quelle utilité il doit être contre la Phtisie & contre tant d'autres maladies; surtout lorsqu'on se rapellera le témoignage de l'expérience, faite par nombre de personnes de probité, qui en ont fait usage avec succès dans de telles circonstances.

Il n'en est pas de même de la plûpart des aliments, que l'on a coutume de donner à ceux qui sont attaqués de la Phtisie; les liquides pervertis, alterent toutes les nourritures que les malades prennent, quoique de bon suc & très-saines pour ceux qui se portent bien; *omnia sana sanis*. Le pain fermenté, par exemple, fait avec soin & de la plus pure farine, prend néanmoins facilement chez de tels malades, des dispositions *acessantes* & nuisibles. Les viandes & tous les sucs tirés des chairs des animaux, ont bientôt contracté, par la disposition qu'ils ont à l'alkalescence, cette funeste qualité, dans un sang qui roule avec lui des matieres purulentes. Le lait même quelque bienfaisant qu'il soit d'ailleurs, a pour ces malades de grands inconvénients; car les parties butireuſes qu'il contient en grande quantité & qui ont une pente ſi prochaine à devenir rances & fétides, le rendent extrêmement nuiſible pour beaucoup de perſonnes attaquées de la Phtiſie pulmonaire, malgré les précautions que l'on prend, en leur donnant même le lait le plus léger & au ſortir de l'être animé qui le produit; ſurtout lorſque le corps qui le reçoit, porte en lui beaucoup de chaleur. C'eſt ſans doute cette fétidité, que contracte la partie butireuſe du lait chez les malades qui concentrent en eux cette chaleur hectique & conſomptive, qui rend ſi ſouvent les nourritures laiteuſes, beaucoup plus nuiſibles qu'utiles, dans les Phtiſies pulmonaires, ainſi que dans toutes les maladies chroniques accompagnées de beaucoup de chaleur, où d'ailleurs le lait pourroit devenir ſi utile, ſurtout par ſa partie ſéreuſe & délayante.

Qui peut en effet concevoir quelle eſt cette mauvaiſe qualité rance & fétide, que les parties butireuſes du lait le plus doux peuvent aquérir en roulant dans les vaiſſeaux de ces malades pleins de feu. On ſçait combien ce vice eſt funeſte, lorſqu'il vient à dominer dans les liqueurs animales, & qu'il n'y en a point de plus indomptable. C'est cependant celui auquel les hommes sont les plus exposés, par la grande quantité de substances grasses animales, dont ils font journellement usage dans leurs nourritures, surtout dans les maisons opulentes, où la cuisine se fait en grand, où presque tout est cuit & macéré pendant des temps infinis dans le lard, le beurre, l'huile, ou dans toutes autres graisses bouillantes. On sçait que la chaleur de ces corps gras bouillants est incomparablement plus grande que celle de l'eau arrivée à son point d'ébullition & que s'il faut deux cent douze degrés de chaleur au thermomettre de Fahrenheit, pour faire bouillir l'eau, il en faut plus de quatre cent vingt pour faire bouillir l'huile; ainsi une telle intensité de feu, doit donner un degré d'ustion prodigieux, aux parties animales que l'on y fera cuire : aussi remarque-t-on que lorsqu'elles sortent de ces graisses bouillantes, elles sont séches, cassantes, en un mot à demi brûlées; & l'on sçait que les cuisiniers ont grande attention, que ces nourritures soient à ce degré, pour flatter davantage le goût émoussé de leurs maîtres ; mais aussi elles n'en deviennent que plus nuisibles à la santé. C'est cette pernicieuse altération, que les graisses échauffées acquierent dans le corps humain, que Boerhaave a si bien connu & si bien caractérisée, sous la dénomination de *Putredo Oléosa... Acris... Fœtens*, *&c.* (*a*). Vice auquel on ne fait peut-être pas assez d'attention, dans le traitement des maladies, quoiqu'il en mérite beaucoup, tant par les funestes dérangemens qu'il occasionne dans l'économie animale, que par la difficulté de le détruire.

Il n'y a certainement rien à craindre de pareil, des parties grasses du Cacao, & par conséquent de celles du Chocolat. Car quoiqu'il soit rempli d'une grande quantité de parties oléagineuses ; nous avons vu qu'elles étoient incorruptibles & incapables de la moindre altération ; au point que malgré la grande action du feu, que l'on est obligé d'employer, pour faire l'analyse du Cacao, l'huile butireuse qui en résulte, conserve encore de la douceur & que son esprit loin de devenir fétide par cette épreuve ignée, a une odeur

(*a*) Boerha. Aphor. 82. & 89. &c.

ſuave & une ſaveur douce. Nous avons vu en conſéquence, que cette ſubſtance butireuſe ne pouvoit nuire, que par ſa grande compacité, par ſa dureté & par le pénible travail qu'elle exigeoit des organes digeſtifs, lorſqu'elle étoit ſous cette forme ſébacée; mais que quand elle eſt atténuée, rendue ſavoneuſe & devenue exactement miſcible avec les aqueux, il n'y avoit plus alors que des avantages réels à en attendre pour la ſanté, dans une infinité de circonſtances.

Les Phtiſiques trouveront donc, dans l'uſage d'un bon Chocolat préparé avec ſoin & rendu bien homogène, un aliment médicamenteux qu'ils chercheroient envain ailleurs; ſi ces malades pouvoient s'aſſujettir à ne prendre pour toutes nourritures, que du Chocolat de cette eſpece, & des crêmes faites avec les ſubſtances farineuſes adouciſſantes, telles que la ſémouille, le ſagou, le vermicelli, le gruau de Bretagne & autres de cette nature, il eſt certain qu'il en guériroit beaucoup plus par le ſecours de ces alimens, que par l'uſage de quelque lait que ce ſoit. Car on ſçait que cette derniere nourriture, quoique très-bonne dans nombre de cas, à pour ces malades de grands inconvénients; non ſeulement par rapport à ſes parties butireuſes, dont nous venons de voir les mauvais effets, mais auſſi en vertu de ſes parties caſéeuſes, qui venant à ſe coaguler dans les premieres voies, ne peuvent y être atténuées & réduites en un bon chile, ſurtout par des viſceres digeſtifs auſſi affoiblis qu'ils le ſont en effet chez ces malades, enſorte qu'il n'y a que la partie ſéreuſe du lait qui puiſſe leur devenir de quelque utilité, comme délayant & non comme aliment; encore y acquiert-elle quelquefois une acidité nuiſible.

Pluſieurs grands Médecins connoiſſant la compacité & la dureté des parties butireuſes du Chocolat, en ont défendu expreſſément l'uſage dans de certaines circonſtances. Cheyne trouve *qu'il eſt trop huileux & trop ténace*, qu'en conſéquence il ne convient point aux convaleſcents. Mais ce célebre Médecin Anglois, avoue qu'à cela près, le Chocolat produit tous les bons effets d'un aliment ſalutaire, pour les perſonnes fortes & vigoureuſes, auxquelles il le conſeille, comme très-propre à émouſſer les humeurs âcres, ſalées &

irritantes. MM. Dejussieu que ses sublimes connoissances dans la Botanique ont mis en état de si bien apprécier les inconvénients & les avantages des végétaux, ont aussi défendu l'usage du Chocolat aux gens de lettres: par la même raison, Baglivi, Caldera & autres sçavants Médecins, en ont également craint de mauvais effets; mais ils font sentir que ces inconvénients ne provenoient que de la ténacité de la partie butireuse & sébacée du Cacao. Il s'ensuit de-là, que lorsqu'on a détruit la grande dureté & la compacité des parties grasses du Chocolat & qu'on l'a rendu parfaitement soluble dans l'eau bouillante, sans qu'il puisse s'en séparer aucune partie butireuse, cet aliment ne peut plus avoir les inconvénients qui en ont fait craindre l'usage avec fondement, & qu'il ne produira plus au contraire que de bons effets pour la santé & comme nourriture, & comme remede. Il est facile de concevoir, que c'est sous ce point de vue de solubilité de la partie grasse suiffée du Chocolat dans les aqueux, qu'il faut considérer le bien qu'il peut opérer, & regarder cette propriété, comme une condition essentiellement néceſſaire, pour que les perſonnes délicates puiſſent tirer de cet aliment tous les avantages poſſibles & en éviter les inconvénients, dont nous avons parlé.

Nous avons vu que le Chocolat bien préparé, dont toutes les parties ſont parfaitement liées enſemble, eſt en effet un excellent aliment & un très-bon remede ſtomachique, tant en vertu de ſes parties extractives ameres, que des ſels ſavoneux balzamiques digeſtifs, dont il eſt rempli. Il eſt également pectoral, en raiſon de l'abondance des ſucs butireux, doux & inaltérables qu'il contient : nos examens ont conſtaté l'exiſtence de tous ces principes dans le Chocolat. Il a une autre propriété ſinguliere & bien précieuſe; il donne aux battemens du cœur & des artères, un développement qui rend le pouls ample, ſouple & vigoureux, ſans en accélérer les pulſations; nous avons vérifié ce bon effet, ſur nombre de perſonnes & ſur nous-même, où il nous a été facile d'obſerver ce jeu intérieur du cœur & des artères, qui ſe faiſoit ſans trouble, ſans éréthiſme, en un mot avec tout l'ordre poſſible; d'où il eſt aiſé de conclure, que toutes les fonctions des viſceres doivent participer à ce bon ordre & se faire parfaitement. Le Chocolat a cela de commun avec le quinquina, qui a la propriété de rendre le pouls grand & développé, lorsqu'il commence à agir contre les forces fébriles, & on est assuré lorsque l'on observe cette action & cette vigueur dans le pouls du fébricitant qui est à l'usage du quinquina, qu'il guérira promptement; aulieu que s'il y a quelqu'autre cause que celle qui produit ordinairement les fievres intermittentes, le pouls reste petit, serré, concentré, malgré l'action de l'écorce fébrifuge. Il faut alors que le Médecin attentif à tout ce qui se passe dans son malade, se défie du remede, & qu'il le supprime, ou qu'il en soutienne l'effet par les autres moyens, que son art & sa prudence lui suggerent en pareils cas. Le Chocolat peut donc être employé comme un bon fébrifuge, non seulement dans les fievres intermittentes, contre lesquelles il agiroit par ses principes toniques, amers, & salins-digestifs; mais aussi dans d'autres qui auroient pour cause les épuisemens, les langueurs, l'atonie ou le défaut d'action du solide nerveux. Dans ces dernieres circonstances, il opere avec énergie, par son principe huileux, fin-éthéré, rempli d'esprit recteur. Nous avons un exemple tout récent, entre beaucoup d'autres, de ce bon effet du Chocolat, sur deux personnes épuisées ; un homme & une femme, l'un & l'autre étoient tombés dans un état de langueur & de maigreur extraordinaire, ayant une fievre lente habituelle, ne pouvant soutenir ni garder aucun aliment ; la femme surtout avoit été réduite à toute extrémité, par des pertes abondantes. On a mis ces malades à l'usage du bon Chocolat préparé à l'eau, pour tout remede & pour toute nourriture ; moyen bien simple, mais qui a eu assez d'efficacité pour les rétablir parfaitement, au grand étonnement de ceux qui les avoient vu dans leur état de dépérissement. La malade particulierement avoit un pouls si petit, qu'il s'effaçoit sous le moindre tact ; elle ne pouvoit prendre, exactement, quatre cuillerées de bouillon, sans en éprouver un travail, qui la mettoit en sueur & la faisoit tomber en foiblesse. Après quelques jours de l'usage du Chocolat, qu'on lui donnoit d'heure en heure par cuillerées, comme on fait une potion cordiale ;

le pouls a commencé à se développer & à devenir grand. La malade n'éprouvoit ni travail ni foiblesse, en prenant de son nouvel aliment. On en augmenta la quantité *gradatim*. On l'a rendu ensuite plus adoucissant, en y mettant un huitieme de lait; & successivement après, plus nourrissant, en y ajoutant un peu de jaune d'œuf, & toujours sans pain, ni autre substance solide quelconque. Au bout d'environ six semaines ou deux mois, cette malade avoit recouvré assez de force & de santé, pour passer doucement à l'usage des nourritures ordinaires, pour reprendre ses occupations & pour devenir mere un an après. De pareilles cures opérées par un remede alimentaire, tel qu'il puisse être, seront toujours assez frappantes & assez intéressantes, pour n'en pas dérober la connoissance au Public.

On ne peut néanmoins dissimuler, que pour que le Chocolat, même le mieux divisé & rendu parfaitement homogène, devienne une nourriture ou un remede salutaire, il faut que les premieres voies ne soient point impregnées de mauvais levains. Car si ces organes se trouvoient engorgés, ou comme enduits de matieres visqueuses;

il est aisé de juger qu'il faudroit remédier à ces vices, avant de passer à l'usage du Chocolat. Mais les personnes, même délicates, qui sont présumées n'avoir aucun germe de ces maladies des premieres voies, peuvent en faire usage avec sureté & avec utilité.

CHAPITRE III.

Usage du Chocolat nuisible dans quelques circonstances.

COmme il n'y a point de régle sans exception, il faut avouer, que le Chocolat, quelque qualité qu'on lui suppose, convient peu aux personnes replettes, à celles qui mangent beaucoup, qui se nourrissent délicieusement de viandes succulentes, qui ne font que peu ou point d'exercice, & qui par là acquierent un trop grand embonpoint ; & dans tel cas que ce soit, cet aliment ne doit jamais être pris immédiatement après les repas : car alors, non-seulement il ne se digereroit pas, ou très-mal; mais il troubleroit la digestion des autres alimens. Le bon Chocolat étant très-nourrissant par lui-même, il est pour le moins superflu, pour ne pas dire nuisible, d'y joindre du pain, surtout lorsqu'on le prend le matin, uniquement pour pouvoir attendre le dîner. On est cependant dans l'usage de lui en associer; mais pour le peu que l'on en mange trop, ou que l'estomac soit foible, le pain devient alors à charge à ce viscere, parce que le Chocolat formant un liquide onctueux & épais, loin de favoriser la digestion du pain, il en empêche ou en retarde la division, & l'estomac le digere mal, surtout s'il a été grillé ou desséché au feu; alors on s'en trouve fort incommodé; ce que l'on ne manque pas d'attribuer au Chocolat, tandis que c'est uniquement l'effet du pain : si absolument on en veut manger, il faut que ce soit en fort petite quantité, ou boire ensuite un verre d'eau.

Si l'on fait fondre le Chocolat dans du lait pur, cette maniere de le préparer le rend souvent nuisible, comme nous l'avons remarqué, surtout aux personnes qui ont l'estomac délicat, ou imbibé de levains aigres. Si néanmoins on aime la douceur du lait dans le Chocolat, il faut d'abord le faire fondre dans de l'eau & y ajouter ensuite très-peu de lait; une ou deux cuillerées par tasses suffiront, pour le rendre délicieux, en lui donnant l'agrément laiteux que l'on desire, sans qu'il puisse incommoder, en supposant toujours qu'il n'y ait point de mauvais levains dans les premieres voies. Si absolument on vouloit qu'il fut préparé avec moitié lait, il faudroit alors se contenter de faire fondre demie-dose, ou demie-once de Chocolat, dans une demi-tasse d'eau, & lorsqu'il seroit bien fondu & divisé avec le moulinet, on y ajouteroit autant de lait. On a aussi reconnu, que quelques personnes délicates qui sont à l'usage du lait, soit de vache, soit de chèvre, soit d'ânesse, se trouvoient fort bien de manger un ou deux gros de pastilles de Chocolat, en prenant leur dose de lait le matin à jeun. Aureste on peut très-bien se passer de manger du pain, ou même de mettre du lait dans le Chocolat homogêne, sous prétexte de le rendre plus nourrissant; car l'union intime de ses parties butireuses avec les extractives, en forme un liquide gélatineux, tellement restaurant par lui-même, qu'une once fondue dans six onces d'eau, qui font la valeur d'une grande tasse, suffiroit à bien des personnes, pour les soutenir pendant huit à dix heures, sans avoir besoin de prendre d'autre nourriture ; ce qui le rend encore en cela d'une grande utilité pour les voyageurs ; ou pour Messieurs les Militaires, qui manquent quelquefois, ou de nourriture, ou de temps pour en prendre. Dans ces cas il suffiroit de manger en substances, deux ou trois onces de tablettes de Chocolat, une once chaque fois, dans des distances égales de la journée, buvant un verre d'eau froide, s'il est possible d'en avoir, par dessus chaque prise ; ce qui soutiendroit & nourriroit suffisamment pendant tout ce temps. Cet aliment seroit même plus commode, plus utile & plus gracieux, dans de telles circonstances, que les tablettes de viande, qui sont faites avec des jus concentrés & qui ne peuvent devenir utiles, qu'autant qu'on a le loisir de les faire fondre & de les étendre dans beaucoup d'eau chaude, pour adoucir l'activité & la chaleur des sucs & des coulis de viande, avec lesquels ces tablettes sont composées.

Il feroit à desirer que l'on nous envoyât d'Amérique, tout le Cacao réduit en pâte parfaitement broyée & mise ensuite en grosses tablettes, ou en gros cylindres, & cela peu de temps après la récolte du Cacao, même immédiatement après la préparation dont ces amandes ont besoin, pour être dans leur état de perfection. Le Cacao réduit ainsi, en grosses masses, sur les lieux de sa naissance, conserveroit plus de parties oléagineuses fines & de cette legere amertume bien-faisante qui lui est propre, qui toutes réunies rendent ce fruit si nourrissant, si stomachique & si cordial; mais il faudroit que cette préparation fût faite fidélement, avec beaucoup de soin & d'attention. Il seroit également à desirer, qu'il y eut peu de droits sur cette marchandise, afin qu'étant d'un prix modique, les pauvres en puissent faire usage comme les riches.

Pour mettre sous une forme liquide le nouveau Chocolat, tel qu'il s'en prépare actuellement en France & dont nous avons fait voir les avantages, il exige quelques attentions indispensables, sans lesquelles il seroit mal préparé & désagréable. Il faut pour chaque priſe, raper avec une groſſe rape à ſucre, ou grater & réduire en petits morceaux avec un couteau, une once de tablettes de ce Chocolat, que l'on mettra dans une caffetiere de terre, de fer-blanc ou d'argent (*a*). On y verſera alors autant de grandes taſſes d'eau froide bien pure, qu'on y aura mis d'onces de Chocolat rapé (*b*). On approchera la caffetiere du feu, pour qu'elle y bouille doucement, pendant l'eſpace d'un demi quart d'heure, évitant avec attention que le liquide ne s'éleve, en bouillant trop fort. On plongera enſuite dans la caffetiere, un mouſſoir, dit moulinet (*c*), pour bien agiter le li-

(*a*) Les vaiſſeaux de fer-blanc ſont très-propres & très-commodes pour préparer le Chocolat ſous une forme liquide, pourvu qu'ils ne ſoient pas détamés ou dégarnis de l'étain qui recouvre le fer; car alors ſi le liquide y ſéjournoit pluſieures heures, il y contracteroit une ſaveur ferrugineuſe.

(*b*) Chaque taſſe tiendra ſix onces, comme on vient de l'obſerver.

(*c*) Cet inſtrument nommé auſſi Mouſſoir à Chocolat, eſt un morceau de bois, de quatre à cinq pouces plus long que la caffetiere, dont le bout inférieur beaucoup plus gros que le reſte, eſt échancré de pluſieures rainures

quide, ce que l'on réiterera trois ou quatre fois en différentes reprises, le faisant toujours bouillir un peu. Dans cet état on le versera dans des tasses, pour le prendre le plus chaud qu'il est possible (*a*).

Sous cette forme le Chocolat est délicieux, d'une saveur douce & onctueuse, comme si c'étoit de la crême de lait bien douce que l'on eut dans la bouche. Cette douceur se fait sentir également, sur tout le palais, sur les parois de l'ésophage & transmet ses impressions amies jusques dans l'estomac, &c. Il porte avec lui, un arómate agréable, qu'il tient des principes actifs du Cacao légerement dé-

profondes & longitudinales, qu'on y a pratiquées, afin de pouvoir agiter le liquide avec plus de force, & à la partie supérieure du manche, ou à la poignée, il y a des inégalités anguleuses, pour le tourner facilement de droite & de gauche dans les mains.

(*a*) Si l'on n'étoit pas près de prendre le Chocolat, il faudroit plonger alors la caffetiere au bain-marie bouillant, afin de le conserver très-chaud & pour éviter qu'il ne se desséchât auprès du feu, ou qu'il ne se refroidît, s'il en étoit trop éloigné. Dans ce cas de délai, il faut observer de le faire mousser de nouveau, lorsqu'on veut le prendre.

veloppé, sans qu'il ait besoin d'emprunter aucun agrément des aromates incendiaires, pas même de la canelle, ni de la fine vanille, non plus que du musc, ni de l'ambre, ni de l'ambrette (a). Ce Chocolat mousse très-bien, mais à cause de sa consistance de crême, il faut qu'il soit agité dans un vaisseau un peu ample, de maniere qu'il y ait au moins un demi-pouce de distance entre les parois de la caffetiere & la surface du bout inférieur du moulinet, Si l'on n'avoit pas cet instrument, on y peut supléer très-bien, avec un petit balet, formé de quinze à vingt brins d'osier, que l'on plonge dans le liquide du Chocolat bouillant & que l'on agite fortement, en le roulant dans les mains, Cette agitation du Chocolat est importante, pour perfectionner l'homogé-

(b) *Semen moschi*, ambrette, ou graine musquée; elle nous vient d'Egypte & de la Martinique. C'est la semence du *Ketmia Ægyptiaca semine moscato*. Tournefort. Elle est cordiale, mais nuisible aux personnes sujettes aux vapeurs. Nos Parfumeurs en font un grand usage & quelques Fabricants de Chocolat y en font entrer. Si absolument on desiroit une odeur agréable & un peu cordiale dans le Chocolat, il faudroit préférer celle de la vanille à toute autre.

nité & la division de ses parties, qui ont été mises, par la préparation antérieure de sa pâte, dans une disposition prochaine au plus grand développement possible, aulieu que les tablettes de Chocolat préparées à l'ancienne maniere, lorsqu'elles sont fondues dans l'eau, quelqu'agitation qu'on leur donne, même avec le moulinet, le liquide se décompose en se refoidissant; les parties butireuses viennent se figer à la superficie du liquide, le marc se précipite au fond & tout le reste forme un fluide clair & aqueux. Nous avons vu que c'est de cette décomposition, ou de ce défaut d'union, que dépendent principalement les mauvais effets que ce Chocolat opere chez beaucoup de personnes délicates.

Si on desiroit que le Chocolat moussât beaucoup, il faudroit y jetter immédiatement avant de le prendre un jaune d'œufs frais, pour deux tasses, sans qu'il soit besoin de délayer ce jaune auparavant; mais aussitôt qu'il y est, on agite le tout avec le moussoir & on le verse dans les tasses. Le liquide prend par-là plus de consistance; il seroit même trop épais pour bien du monde, vu que ce Chocolat l'est déjà suffisamment

ment par lui-même ſans cette addition ; ainſi elle dépendra du goût des perſonnes. Lorſque le Chocolat eſt préparé de cette maniere, il a une ſaveur qui paroit moins ſucrée, parce que le partie graſſe rendue ſavoneuſe & gélatineuſe, enveloppe & émouſſe l'action du ſucre ſur les houpes nerveuſes, dont l'organe du goût eſt parſemé. Si quelqu'un aime le lait dans le Chocolat, on y mettra ſur chaque taſſe une, deux ou trois cuillerées au plus de bon lait nouveau, avant la derniere agitation avec le moulinet ; il ne faut pas paſſer cette quantité de lait, autrement le Chocolat deviendroit peſant ſur les eſtomacs délicats, ou il faudroit mettre moins de Chocolat, comme nous l'avons déja dit. On ne doit point oublier non plus, que le pain ſe digere mal avec cette ſubſtance alimentaire & qu'elle eſt ſuffiſamment nourriſſante par elle même, préparée comme nous venons de le dire, pour tenir lieu d'un petit repas aux convaleſcents, aux valétudinaires & aux perſonnes délicates ; obſervations que nous avons déja faites, mais qu'il eſt utile de rapeller.

F

CHAPITRE IV.

Du Chocolat confidéré comme véhicule doux & agréable des purgatifs amers & irritans.

LE Chocolat ainfi réduit fous une forme liquide, bien homogêne, douce, onctueufe, & en une efpece de crême liquide, fournit un moyen avantageux d'employer dans les maladies, furtout dans les maladies chroniques, certains purgatifs âcres, irritans, défagréables ou nauféabondes, tels que la Diagrede, le Jalap, que quelques Médecins nomment prudemment *Rhubarbe blanche*, pour donner le change aux malades auxquels cette racine peut convenir, & contre laquelle ils ont des préjugés défavorables; enfin cette même crême offre auffi l'avantage de prendre fans dégoût la Rhubarbe, l'Iris de Florence, le Kermès minéral & d'autres purgatifs appropriés aux caracteres de différentes maladies, même à des dofes convenables & proportionnées aux âges, aux ſexes & aux divers tempéramens.

La douceur privilégiée du Chocolat, corrigera la ſaveur déſagréable & tempérera l'action irritante des purgatifs, ſans en empêcher les effets. Elle en facilitera d'ailleurs l'uſage au point, que non ſeulement il ne cauſera aucune répugnance, mais même qu'on l'adoptera avec autant de plaiſir que d'agrément. Ainſi lorſqu'on voudra rendre cette boiſſon laxative, il ſuffira d'y délayer avec ſoin, l'un de ces purgatifs réduits en poudre fine, ſeulement à l'inſtant que le malade ſera ſur le point de le prendre; cette maniere de purger a toujours produit de bons effets dans le cours de notre pratique. Les atténuans, les inciſifs, les expectorans, les diurétiques, les apéritifs, les emménagogues, même l'oignon de ſcille, &c. préparés dans la crême de Chocolat, s'adminiſtrent avec un égal ſuccès & une auſſi douce ſatisfaction pour les malades.

Lorſque l'on a fait torréfier du Cacao, pour en former la pâte du Chocolat, on le monde enſuite de la pellicule dont ces amandes ſont enveloppées, comme d'une choſe nuiſible au

Chocolat & dont on fait peu de cas. Nous avons cependant reconnu par l'analyse de cette écorce, qu'elle contient beaucoup de principes actifs & absolument les mêmes, que ceux de l'amande proprement dite qu'elle recouvre. Si elle renferme moins de principes balzamiques que l'amande, elle paroit plus riches qu'elle en sels volatils. Ces faits étant démontrés, on ne peut refuser à cette enveloppe du Cacao, des propriétés fort approchantes de celles du fruit même. Ainsi ce que l'on a presque généralement rejetté comme inutile, peut être employé avec avantage, ou en le donnant en substance, ou en en faisant une infusion. Pour cet effet il faut jetter dans cinq ou six onces d'eau bouillante, le poids de deux gros de ces pellicules enlevées du Cacao torréfié & un peu concassées ou brisées dans les mains; on laissera bouillir le tout pendant quelques minutes; on passera ensuite au clair le liquide reposé, pour le prendre chaudement après y avoir mis du sucre à volonté. On a de cette maniere une teinture brune légerement amere, assez gracieuse au goût, chargée de parties extractives & balzamiques, qui peut être fort salutaire dans plusieurs circonstances, comme stomachique, balzamique, pectorale & surtout apéritive, en vertu du sel volatil doux qui y réside. Comme les mollécules butireuses n'y dominent pas, à beaucoup près autant que dans l'amande & qu'elles y sont plus divisées, on ne doit point craindre qu'elles se condensent sous une forme suiffée & qu'elles nuisent par-là dans les premieres voies. On peut aussi par la même raison, couper cette infusion avec du lait par moitié, ou dans d'autres proportions. Si l'on desiroit rendre cette boisson plus pectorale, alors on feroit bouillir les pellicules torréfiées dans le lait pur, au cas qu'il n'y eut aucun motif qui s'opposât à son usage.

Quand on force trop la dose de ces pellicules, en en mettant par exemple une demie-once pour chaque tasse, elles fournissent une infusion, qui étant faite, surtout simplement à l'eau, donne aux organes de la digestion, un tel degré d'activité, qu'elle est suivie d'une faim vive & animée; ce que nous avons éprouvé toutes les fois que nous avons pris de cette boisson ainsi chargé. Cet effet ne doit point étonner, si l'on se rappelle que les parties extractives ; ameres & salines de cette écorce de l'amande du Cacao, n'y étant point aussi enveloppées de parties butireuses que dans l'amande, ces principes digestifs doivent avoir beaucoup d'énergie : vertu bien estimable & qui peut avoir les plus heureux effets dans beaucoup de cas, lorsqu'elle sera employée & dirigée avec art, selon les circonstances & en en variant les doses, ou la nature de l'infusion. Ce que nous avançons concernant ces pellicules de Cacao torréfiées, est déja confirmé par l'expérience de beaucoup de personnes, qui en ont pris avec avantage. D'ailleurs la grande modicité du prix de ce remede, doit en étendre & en faciliter l'usage. On rendra donc cette infusion théiforme plus ou moins chargée, en diminuant ou en augmentant la dose des pellicules ; cela dépendra des vues qui en détermineront l'application.

CHAPITRE V.

Conclusion de l'Ouvrage.

CE que nous avons dit des propriétés du Cacao & du Chocolat n'est point exagéré. Nous avons même employé à ce sujet les propres expressions de plusieurs Médecins célèbres & de différentes personnes éclairées, qui ont été témoins des bons effets de ces substances nourricieres, tant en Amérique qu'en Europe. Nous nous sommes particuliérement appliqués à faire connoître, par l'examen des produits du Cacao, que cette amande & le Chocolat dont elle fait la base, sont véritablement doués des vertus qu'on leur attribue; ce qui est confirmé par l'expérience de plusieurs siécles & par celle de différens Peuples, qui en font leur nourriture habituelle. Nous avons également fait voir que la véritable cause, qui rendoit nuisible à nombre de personnes délicates, le Chocolat préparé en Europe à la maniere ordinaire, dépendoit de la grande compacité de sa partie butireuse suiffée, mal combinée avec les autres principes. On a vu aussi, que lorsque cette partie douce & balzamique, étoit tellement unie aux autres composans de ce mixte, qu'elle formoit avec eux une substance savoneuse soluble dans l'eau ; c'étoit alors que notre Chocolat Européen, possédoit les qualités de celui que l'on prend en Amérique & qui y est préparé avec le plus de soin & d'attention.

Nous n'avons rien dit de ces mauvais Chocolats que l'on débite à vil prix. Il suffit de sçavoir qu'il n'y entre jamais de Cacao Caraque, peut-être pas même de celui des Isles ; on y met tout au plus des épluchures de l'un ou de l'autre, beaucoup d'amandes douces, souvent un peu de moëlle de bœuf, pour donner à ces préparations mal-faisantes une apparence onctueuse, le tout lié ensemble par le moyen de quelques farines cuites & un peu de sucre. Il n'est pas étonnant que l'on donne ces Chocolats à quinze & vingt sols la livre. On sçait que le Chocolat préparé fidélement ne doit avoir pour base que l'amande du Cacao & le sucre, qu'il n'y doit pas même entrer d'amandes douces, vue la mauvaise qualité âcre & rance qu'elles aquierent infailliblement en vieilliſſant. S'il y a de la différence dans les prix des bons Chocolats, elle doit venir principalement de celle du Cacao. Or celui de Caraque étant beaucoup plus cher que celui des Iſles, le Chocolat où il entre doit néceſſairement varier de valeur. Il faut donc ſe défier en France, des Chocolats que l'on y vend à trop bas-prix : car il ne peut y avoir rien de plus nuiſible, ſurtout pour les malades, que ces derniers, dont nous avons cru devoir dire un mot, pour en garantir le Public.

Nous avons cru ne pouvoir nous diſpenſer de faire quelques répétitions, en parlant de ce qui peut avoir rapport au Cacao & au Chocolat; parce qu'en général il eſt ſouvent à propos de revenir ſur les mêmes objèts, pour en faire connoître la valeur : ceux que nous avons examinés, ſont certainement encore ſuſceptibles de plus de développement ; mais on ſçait que de ſimples obſervations, doivent être renfermées dans de juſtes bornes.

REFLEXIONS

Sur le Syſtême de M. de Lamure, Profeſſeur en la Faculté de Médecine de Montpellier, touchant le battement des Artères.

LES battements du cœur & ceux des artères ſont iſochrones ou ſimultanés; c'eſt une vérité connue de tous les Anatomiſtes. Le tact & l'autopſie convaincront de ce fait, quiconque en auroit quelque doute. Mais le vrai principe de ces mouvemens n'eſt pas également connu. On croit preſque généralement, que le battement de tout le ſyſtême artériel, eſt l'effet de la propulſion du ſang dans les vaiſſeaux coniques qui le compoſent. Plus on examinera avec attention par le ſeul tact, les battemens de l'artère radiale & d'autres encore plus éloignés de la puiſſance du cœur, plus on aura de peine à ſe perſuader avec M. de Lamure, que ce ſoit effectivement la dilatation de ces vaiſſeaux, qui occaſionne le coup ſec qui vient frapper le doigt. Il ſera également difficile de concevoir, que le déplacement du cœur puiſſe opérer cet effet ſur tout l'ordre des vaiſſeaux artériels, ainſi que le penſe M. de Lamure. Oſerions-nous avancer, que peut-être la nature opere ce jeu du battement de l'artère, par un ſoulevement ſpaſmodique de ce vaiſſeau, qui entre dans une ſorte d'orgaſme, au moment que le cœur ſe contracte; ſoit par une ſuite de la puiſſante contraction de ce vigoureux muſcle, ſoit par l'action ſtimulante du ſang, ſur les membranes artérielles. La force contractile des groſſes artères, eſt en effet ſi grande, que le doigt que l'on y introduit, en eſt fortement comprimé.

Cette contraction ne pouvant être l'effet du rétabliſſement des parois de ces vaiſſeaux dilatés par l'abord du ſang au ſortir du cœur, ainſi que l'a prouvé M. le Docteur de L. M. Il paroitroit plus naturel de l'attribuer au ſeul mouvement de ſpaſme, déterminé par l'action du ſang, comme *ſtimulus*, ſur les membranes nerveuſes & muſculeuſes de ces vaiſſeaux. Dans ce cas les artères agiroient ſur les colonnes du ſang, par une puiſſance muſculaire d'autant plus forte, qu'elle ſeroit accompagnée de ſpaſme & forceroit ainſi le liquide de s'échapper & d'avancer vers les extrémités capillaires, où il y a moins de réſiſtance. On ſçait quel degré de roideur, de tenſion & de dureté prennent toutes les parties nerveuſes, tendineuſes & muſculeuſes, lorſqu'elles ſe trouvent agacées par un aiguillon quelconque. Si donc ces mouvemens ſe font alternativement, comme en effet ils ſe font ainſi dans les artères, il en doit réſulter des coups ſecs, alternatifs, que l'on nomme pulſations ou battements des artères. Monſieur Senac (*a*), Auteur du Traité de la Structure du cœur, a fait voir par ſes ſavantes recherches, que l'impreſſion du ſang ſur les parois de ce viſcere, devoit être regardée comme la véritable cauſe déterminante de ſon mouvement compreſſif; c'eſt auſſi le ſentiment de M. Ferrein, de M. Petit, & de pluſieurs autres grands Médecins Anatomiſtes, confirmé par les expériences de M. de Haller. M. Senac, ainſi que le ſavant Profeſſeur de Gottingue attribuent également à la même cauſe ſtimulante, la contracti-

(*a*) Premier Médecin du Roi.

lité des artères. Ce principe une fois admis, qui peut empêcher de le regarder comme la cause du battement de ces vaisseaux ? Voyez d'ailleurs le Mémoire sur la cause de la pulsation des artères, par M. Jadelot, Médecin, à Nancy. Paris 1770. & les Lettres sur le regne Animal, par M. Buc'hoz, Médecin du feu Roi de Pologne ; à Paris chez Durand, 1770.

M. de Lamure a connu l'état de spasme & de contraction des artères, il le rejette néanmoins, comme ne pouvant être la cause de leur battement, pour l'attribuer au mouvement de conversion du cœur, dont M. Ferrein a si souvent démontré le méchanisme, de l'aveu de M. de Lamure, qui regarde ce célèbre Anatomiste, comme l'Auteur de cette découverte. Notre Académicien de Montpellier, ne paroit pas cependant prouver le battement des artères, par la loco-motion ou le mouvement de conversion du cœur, avec la même force qu'il a fait voir que le battement de ces vaisseaux ne pouvoit venir de leur dilatation, par l'abord du sang qui y est envoyé, dans le temps de la systole du muscle vital par excellence. On est même étonné, de lui voir rejetter la puissance de l'état tonique & spasmodique du système artériel, pour la véritable cause du battement des artères, après avoir dit dans son Mémoire (*a*). » Il est évident que le » ton des artères leur est absolument » nécessaire pour qu'elles puissent bat» tre; les autres causes ne peuvent y » suppléer qu'imparfaitement ; elles » sont même insuffisantes sans le ton, » & le ton peut suffir sans elles «. Il s'en suivroit donc de toutes ces considérations, que le battement des artères, ne feroit plus l'effet de leur dilatation; mais d'un état de spasme, ou de roideur alternative dans leurs tuniques; occasionné par l'impulsion du sang, ou par une forte secousse, que le cœur imprimeroit à tous les vaisseaux artériels, comme à autant de filets qui émanent de leur principe, dans le temps qu'il éprouve lui-même une contraction violente : ce qui rentreroit assez dans le systême de M. de Lamure; mais il y auroit encore de fortes objections à faire contre cette derniere opinion.

S'il s'y rencontre en effet des causes puissantes, qui empêchent la commu-

(*a*) Page 655. du Volume de l'Académie.

nication du jeu systaltique du cœur sur le système artériel, comme cela arrive quelquefois par l'ossification totale, ou d'une grande partie de l'aorte; alors l'action du cœur, de quelque maniere qu'on la conçoive, ne pourra se transmettre aux artères. M. de Lamure persuadé de cette vérité, avoue lui-même que si malgré ces indurations osseuses & considérables de l'aorte, les artères battoient au-de-là de l'ossification, cela porteroit une forte atteinte à son opinion. Il dit plus; voici ces termes (*a*). » Alors on conclueroit avec certitude » que le battement des artères observé » dans ces cas, dépendoit d'un prin- » cipe inhérent au tissu de ces artères». Il rapporte à cette occasion, *ibidem*, le passage d'Harvée, » qui conservoit une » portion d'aorte avec les artères cru- » rales ossifiées dans la longueur d'en- » viron douze pouces », que ce célèbre Médecin Anatomiste, avoit retiré d'un sujet dont il avoit suivi la maladie, & sur lequel il avoit souvent observé le battement de l'artère au-dessous de l'ossification. Voici le Texte Latin d'Harvée rapporté par M. de Lamure. *Nihilominus inferioris arteriæ pulsum agitari in*

(*a*) Page 657. du Volume.

cruribus optimè memini , dum vivebat, me sæpissimè observasse (a).

M. de Lamure croyant devoir s'en tenir à son opinion; qui le portoit à croire que le mouvement de conversion du cœur, en se déplaçant, déplace aussi les artères & leur imprime un mouvement de pulsation, estime que lorsqu'il s'y est trouvé des ossifications de l'aorte, telle que celle rapportée par Harvée, qui n'est pas l'unique, les Auteurs de ces observations n'ont point fait attention à la mobilité, ou à l'immobilité de ces parties ossifiées, qui auroient pu selon lui, recevoir du cœur son impression & la transmettre plus loin. Il donne à ce sujet des preuves complettes de la possibilité du fait. Mais il faut nécessairement, pour que cette transmission de mouvement ait lieu, que la partie de l'aorte ossifiée soit courte & isolée, de l'aveu de notre Auteur du Mémoire. Or en lui supposant autant de longueur ossifiée, qu'en avoit celle observée par Harvée, qui étoit de douze pouces, y comprises aussi les portions des artères crurales également ossifiées, il étoit bien difficile de concevoir, que l'im-

(a) Harvée, Exercit. Anatom. Tome III, page 218.

pression des battemens du cœur, pût ébranler une si longue étendue d'artères ossifiées & transmettre ensuite son mouvement à tous les vaisseaux artériels qui en émanoient.

Harvée dit cependant avoir vu le battement des vaisseaux artériels aux jambes de ce malade & par conséquent au-dessous de l'ossification. Comme cette observation semble combattre fortement le systême de la pulsation des artères établi sur l'inversion du cœur, M. de Lamure dit qu'Harvée ne rapporte cette circonstance *que comme un fait dont il se ressouvenoit* (a) & qui mérite par conséquent peu de considération. Cependant Harvée ne dit pas simplement *memini*, mais il y joint l'Epithete affirmative *optimè*. Ainsi cet *optimè memini* doit donner du poids à son observation. Il ajoute de plus, *me sæpissimè observasse*; Assertion qui paroît lever tout doute sur l'exactitude du fait. Ainsi il est, on ne peut pas plus favorable à l'opinion, qui reconnoitroit pour cause du battement des artères l'orgasme, ou l'état de spasme de ces vaisseaux, déterminés par le *stimulus* du sang qui y est poussé, de préférence à la motion ou à l'impres-

(a) Page 657. du Volume de l'Académie.

ſion du cœur ſur ces mêmes vaiſſeaux ; puiſqu'elle ne peut avoir lieu dans bien des circonſtances. L'exemple raporté par Harvée, l'obſervation de Santorini (*a*), qui dit avoir vu l'aorte oſſifiée depuis ſa ſortie du cœur, juſqu'à la naiſſance des artères émulgentes & tant d'autres de cette eſpece, ſont de fortes preuves contre le ſyſtême, qui admettroit la locomotion du cœur, pour l'unique cauſe du battement des artères.

Combien n'y a-t-il pas d'exemples de cœurs humains oſſifiés, dans une très-grande partie de leur ſubſtance. Les Actes de l'Académie Royale des Sciences en rapportent pluſieurs. Dionis nous a conſervé dans ſon Anatomie, page 627, la figure d'un cœur humain, dont l'oreillette droite étoit d'un volume prodigieux & dont la tunique interne étoit totalement oſſifiée, ce qui la tenoit toujours tendue ; par conſéquent ſans aucun mouvement de ſyſtole. On a trouvé dans le cœur d'un autre ſujet, une lame oſſeuſe, longue de quatre pouces & demi, large de plus d'un pouce, torſe, enfermée dans la ſubſtance charnue des ventricules, ſans pénétrer dans leurs cavités, mais elle les em-

(*a*) Citée p. 656. par M. de Lamure.

braſſoit & les fibres charnues étoient ſi fortement attachées à ce corps oſſeux, qu'elles ſembloient en être une ſuite. On a ouvert un autre ſujet, dont les deux oreillettes du cœur étoient oſſi-fiées, les valvules ſémilunaires, carti-lagineuſes ; & la ſubſtance propre du cœur contenoit un os, dont la plus grande épaiſſeur étoit d'un pouce, & la plus petite égaloit celle d'un écu de trois livres. Cette ſubſtance oſſeuſe com-mençoit à la baſe du cœur & s'étendoit preſque juſqu'à la pointe. Son poids étoit de deux onces ſept gros, ayant à-peu-près autant d'étendue que la paul-me de la main. Cet os ſe continuoit juſ-qu'aux fibres intérieures des ventricules, qui étoient elles-mêmes un peu carti-lagineuſes (*a*). Or les mouvemens ſyſ-taltiques, ou ne pouvoient ſe faire dans les ſujet qui portoient de pareils cœurs, ou ne ſe faiſoient que très-imparfaite-ment, non plus que leurs mouvemens de converſion ; puiſque M. Ferrein a démontré qu'ils étoient produits par la ſyſtole de ce muſcle pyriforme. Les ar-tères ne pouvoient donc pas tenir leurs pulſations de l'inverſion, ni de la con-

(*a*) Voyez le Traité du Cœur, 2 Volumes, page 435. &c.

traction de pareils cœurs ; puisque ces deux mouvemens dépendans l'un de l'autre, y étoient éteints en tout ou en grande partie.

Nous pourrions encore appuyer l'opinion, qui admettroit le battement des artères sans le secours du cœur, par plusieurs observations de différents animaux, dans lesquels il ne s'y est point trouvé de cœur (*a*) ; mais les faits anatomiques que nous venons de rapporter sont suffisans, sans qu'il soit besoin de les soutenir par des preuves, qui n'auroient pas le même degré d'authenticité

Nous en appellons donc au jugement & aux propres paroles de M. Lamure, qui dit (*b*) : « si même on observe que » les ramaux d'un tronc quelconque se » soulevent, ou battent dans le temps » que leur tronc est immobile, alors » on sera obligé de reconnoître dans le » tissu des artères mêmes, le principe » de leur mouvement. » Or c'est ce que confirme l'exemple d'ossification rapportée par Harvée, & l'assertion de ce savant Médecin, qui déclare avoir remarqué les battemens des ramaux au-dessous de la longueur de douze pouces

(*a*) Voyez Schenckius, page 256.
(*b*) Page 656.

d'offifications de l'aorte. *Nihilominus inferioris arteriæ pulſum agitari in cruribus optimè memini, dum vivebat (Æger) me ſæpiſſimè obſervaſſe.* Mais ces cœurs offifiés, dont nous venons de rapporter quelques exemples, ſont encore des preuves plus fortes de l'inertie de ce viſcere ſur les battemens arteriels.

Pour nous réſumer nous dirons que, ſelon toutes les apparences, on doit regarder avec M. de Lamure le déplacement, ou la locomotion des arteres, comme la cauſe immédiate du battement de ces vaiſſeaux. Cet Académicien paroît avoir trop bien prouvé ce fait, pour qu'il puiſſe être révoqué en doute. Mais il n'eſt pas, à beaucoup près, également démontré que ce déplacement leur vienne de l'inverſion du cœur. L'auteur du Mémoire en convient. Car en ſe faiſant cette queſtion (*a*). *Quelle eſt la cauſe de ce déplacement de l'artère?* Il ajoute.... *Ce que nous avancerons à ce ſujet ne nous paroît devoir être encore regardé que comme l'opinion la plus probable....* Ce qu'il répete, page 658. en diſant: *d'où il ſuit que le déplacement du cœur eſt juſqu'à préſent la cauſe la plus probable du déplacement*

(*a*) Page 646. du Volume.

des artères, & *par conséquent de leur pulsation....* La droiture de ce savant Académicien, qui l'a engagé à nous instruire par un long & pénible travail bien digne de louanges, l'a porté aussi à nous donner pour vrai ce qui est vrai, & pour probable ce qui l'est en effet. Et il finit son Mémoire en disant (*a*) : que les recherches qu'il a faites ont été dans l'intention *de combattre ce qu'il a cru faux*, & d'établir *ce qui lui a semblé être la vérité*, *ou la plus grande probabilité.* Aveu digne de l'honnête-homme qui ne cherche que le bien & l'avantage de ses semblables.

Pour suivre un aussi bel exemple, nous nous garderons bien de proposer nos idées comme des oracles. Nous laissons ces importans objets à discuter & à traiter à fond, par nos grands Physiciens Anatomistes; par M. de Lamure lui-même, qui y a déja répandu tant de lumiere. C'est à eux à entrer dans ces misteres profonds de la nature, si dignes de leur attention. Ils sçauront bien lever les objections & les difficultés que l'on pourroit faire contre l'opinion, qui admettroit l'état spasmodique des artères pour cause efficiente de leurs

(*a*) Page 660.

battemens, si elle est véritablement l'œuvre de la nature. Il y a aumoins de fortes présomptions en sa faveur; ce qui suffit pour engager à faire à ce sujet, toutes les recherches possibles, afin de constater ce fait important; vu les avantages qui en résulteroient, pour mieux connoître une infinité de choses cachées dans l'économie animale; on en tireroit particulierement de grands éclaircissemens pour la connoissance du pouls, qui est un objet si intéressant dans l'exercice de la Médecine, dont on s'est occupé de tous temps, particulierement depuis quelques années & avec tant de succès (*a*).

(*a*) Voyez l'Ouvrage du Docteur Solano, qui a pour titre, *Lapis Lydius Apollinis*; les Observations de M. Niheel, Médecin Irlandois; les Recherches sur le Pouls de M. Bordeu. D. M. P. la dissertation sur la théorie du Pouls, par M. Fleming, l'Essai sur le Pouls, de M. Fouquet. Galien, Santa-Cruz & plusieurs autres Anciens Médecins, ont également traité d'une maniere très intéressante, de la connoissance du Pouls, de ses différences, & de l'importance de ce jeu des arteres, pour connoître la nature des maladies, leurs suites, les affections des différents viscères & même l'espèce de dérangement des parties intérieures. Les Médecins Chinois se sont aussi appliqués de tous temps & très-particuliérement à la connoissance du Pouls.

On dira peut-être, à quoi bon insérer une note d'une si grande étendue sur des faits anatomiques, dans un Ouvrage qui n'y a nul rapport, ou du moins un rapport fort indirect? Nous répondrons que n'étant nullement dans le cas de traiter aucun sujet anatomique *ex professo*; nous avons présumé que l'on agréeroit ici quelques réflexions, que nous a donné lieu de faire la lecture imprévue du beau Mémoire de M. de Lamure.

Ils distinguent, ainsi que nos Modernes, le Pouls du Foie, de l'Estomac, du Cœur, des Reins. Ils connoissent la différence du Pouls d'un homme de celui d'une femme. &c. *(a)*.

(a) Voyez le précis de leurs connoissances à cet égard. Histoire Moderne, t. 1. p. 176.

FIN.

AVIS

www.ingramcontent.com/pod-product-compliance
Ingram Content Group UK Ltd.
Pitfield, Milton Keynes, MK11 3LW, UK
UKHW021057200726
13857UKWH00003B/980

9 782011 913395